TRAITÉ PRATIQUE

DE L'ÉDUCATION

DES POULES, DES DINDES,

DES OIES ET DES CANARDS.

Evreux, A. Hérissey, imprimeur. — 656.

TRAITÉ

DES

BASSES-COURS

ET DE

LA PETITE CULTURE

PAR

LE F. ALEXIS ESPANET.

DE L'ÉDUCATION

DES POULES, DES DINDES, DES OIES ET DES CANARDS.

PARIS

LIBRAIRIE CENTRALE D'AGRICULTURE ET DE JARDINAGE

QUAI DES GRANDS-AUGUSTINS, 41.

— Auguste **GOIN**, Editeur. —

1856

INTRODUCTION.

Dans la série des petits traités que nous livrons au public, nous voulons être utile à tous; et, nous l'espérons sans présomption, en considérant de quelle manière l'on a accueilli la première édition de l'*Education du lapin domestique.*

Nous continuons donc à vulgariser les données de notre expérience, par la publication des notes que nous recueillons depuis quinze ans sur ces objets en apparence si petits, mais dont les résultats sont véritablement considérables.

Plaignons-nous d'abord à nos contemporains de les voir négliger les choses rurales, *rem rusticam;* de voir l'attention générale portée sur le capital, sur l'industrie, sur les entreprises commerciales, les usines, etc. Avertissons-les cependant de faire un peu plus de cas de ce qui supporte la plus grande masse des impôts.

Mais vous qui professez un grand amour pour vos semblables, vous qui cherchez à résoudre le problème du travail pour tous et toujours, vous dont les vœux appellent le bien-être du peuple, écoutez les plaintes de celui des campagnes qui, ce semble, n'est pas le peuple dont on ait le plus de souci : vous attirez dans vos villes, dans vos usines, dans vos manufactures, ses fils et ses filles par l'appât d'un gain plus fort, d'une vie moins dure, de plaisirs plus faciles. Comprenez mieux ses intérêts, enseignez-lui à se contenter de sa position, accordez-lui quelques-uns des soins que vous prodiguez au peuple des grandes cités, et ses enfants n'iront pas au loin acheter trop souvent le remords, alors que près d'eux, autour d'eux, sont tous les éléments de ce bonheur réel, dont le simulacre les séduit.

Les nations de l'antiquité avaient plus haute opinion des basses-cours que les modernes. Les Grecs aimaient posséder dans leurs métairies un système complet de productions animales. Ils appelaient cela des nourritures supplémentaires, et en faisaient l'objet d'un commerce lucratif sur les marchés des villes.

Outre les diverses espèces d'étables pour les bêtes de somme, les animaux de trait, les grands et petits troupeaux, ils avaient :

1° Les *ornithonos* ou volières, dans lesquelles ils élevaient plusieurs espèces d'oiseaux de luxe et de table, entre autres la grive et l'ortolan ;

2° Les *péristéreons* ou colombiers ;

3° Les *kenotropheia* ou *kenoboskeion*, lieux où l'on élevait les oies et les canards. Leur district avait une division pour les oisons et les canetons, c'était le *nessotropheion ;*

4° Les *melissones* ou ruchers. On y joignait souvent tout l'attirail nécessaire à l'extraction de la cire ;

5° Les *lagotropheia* ou garennes ;

6° Les *ornitoboskeion* ou poulaillers.

Nous remarquerons au sujet du nom que les Grecs donnaient aux poulaillers, que son étymologie entraîne l'idée du mode de nourriture mixte qu'ils employaient pour eux : *ornitos*, oiseau, et *boscô*, paître ; des oiseaux qui paissent dans un enclos doivent y trouver tout ce qui leur est utile et agréable. Les poules paissent véritablement, mangent des herbes, des grains germés, comme des grains et des vers. C'est là le système d'alimentation économique que nous proposons.

Enfin, les anciens établissaient dans leurs basses-cours

des viviers pour les poissons, lorsqu'ils disposaient de l'eau. Les viviers s'appelaient chez les Grecs *iktuotropheîa.*

Les auteurs latins nous ont fait connaître de leur côté toute l'importance que leurs concitoyens attachaient à la basse-cour. Ils nous ont transmis dans leurs traités d'agriculture et d'économie domestique (1), une division semblable à celle des auteurs grecs, avec des détails pratiques supérieurs à ceux que l'on trouve dans nos traités modernes.

Traités insuffisants à tous égards et même dédaigneux de leur sujet (2). On voit avec peine qu'aucun écrivain n'a prétendu le traiter à fond; et si quelques brochures ont eu certain succès momentané, elles ne l'ont dû qu'à l'annonce décevante de produits exagérés; mais des détails pratiques, point; des données économiques, aucune. Nos contemporains ne se sont pas douté que la bonne organisation d'une basse-cour devait être fondée sur des considérations d'économie domestique et même sociale; ils n'ont pas compris que la réussite d'une pareille spéculation, que la beauté des produits et leur excellence dépendaient encore de l'application de lumières spéciales d'histoire naturelle et de physiologie.

Au risque de prolonger un peu cette introduction, nous devons faire remarquer et mettre en évidence une question qui serait seule dans le cas de rendre aux basses-cours leur ancienne importance.

Les chemins de fer, en établissant une communication rapide et facile entre des contrées éloignées les unes des autres, et jusque-là sans relations, ont deux résultats opposés : l'un pour l'industrie manufacturière et le commerce, l'autre pour l'industrie agricole et les produits ruraux. Les produits ma-

---

(1) Varron : *Terentii Varronis, rerum rusticarum de agricultura.* — Columelle : *Junii Moderati Columellæ, de re rustica.*

(2) Nous devons dire ici que les grands concours que le gouvernement a institués pour les animaux, ainsi que les sociétés pour la propagation des belles races, tendent à changer l'état des choses en encourageant les éleveurs.

nufacturés centralisés dans les grandes villes, perdent dans la province de leur influence, de leur valeur, de leur importance ; les produits ruraux, au contraire, acquièrent de l'importance dans la province, obtiennent une égalité de prix qui s'élève dans les campagnes parce qu'ils trouvent dans les grandes villes un débouché certain et avantageux. C'est ce dont la population agricole et les petits propriétaires ruraux doivent profiter, et doivent profiter les premiers.

Pour ne parler ici que de la volaille, telle province où son bas prix ne permettait pas au plus grand nombre d'en élever, doit voir peu à peu ses marchés s'en approvisionner et ses expéditions se multiplier vers les capitales, gouffres toujours béants, où les produits ruraux de tout genre vont incessamment s'engloutir.

On fait des romans à Paris, on va au spectacle, on joue à la bourse, on court les magasins, on travaille ; mais avant tout on vit : *primô vivere, deindè philosophare.*

Or, pour vivre il faut manger. A Paris, à Lyon, à Londres, on vit bien et l'on vit mal ; il y a des tables somptueuses et de pauvres tables ; il y a des gourmands et des gloutons, des riches et des pauvres, des prodigues et des avares. Celui qui n'y achètera pas un poulet, des asperges, des fraises, y achètera une chicorée, un lapin. Celui qui ne pourra pas régaler sa famille d'un faisan ou d'un lièvre, la fêtera avec une poule ou une paire de pigeons. Ces poules et ces pigeons viennent de la province; les prix s'élèvent là et s'abaissent dans les centres ; ils s'égalisent par le fait seul de la facilité et la rapidité des transports ; c'est à l'avantage du producteur.

D'ailleurs l'abondance des lapins domestiques et de la volaille, conséquence nécessaire de leur éducation généralisée, doit apporter à la nourriture des populations rurales une modification heureuse et salutaire. Elles consommeront de ce petit bétail, au grand avantage de leur santé. Cette viande saine leur procurera une nourriture plus restaurante que celle dont elles usent ordinairement, et plus économique que celle de boucherie, habituellement hors de leur portée.

Il est donc à propos de vulgariser ces idées, de pousser à la production et de mettre entre les mains de tous un moyen d'améliorer la nourriture du peuple, de profiter des chemins de fer et des modifications qu'ils apportent et doivent apporter dans la constitution actuelle des choses.

Que l'on juge des profits que les éleveurs sont appelés à retirer des basses-cours, par celui qu'en tiraient déjà les anciens. Du temps de Sénèque, à Rome, l'industrieux et industriel Fircellius retirait en une seule année jusqu'à soixante mille sesterces des grives ou tourdres qu'il engraissait (1). Les volières étaient fort bien tenues à Rome, et les basses-cours subvenaient à grands frais au luxe des festins.

Un nommé Aufidius se faisait un grand revenu des paons et de quelques oiseaux de parc.

On comptait dans certains colombiers à tours élevées, plus de *cinq mille* couples de pigeons.

Certains parcs étaient merveilleusement grands et peuplés. L'Italie en renfermait un grand nombre. T. Pompéius en avait établi un dans la Gaule transalpine, et ce parc avait une contenance de 40,000 pas carrés ; il était rempli de toutes sortes d'animaux et entouré de hautes murailles.

Dans le siècle dernier on a vu un évêque anglican vendre en une seule année 25,000 peaux de lapins tirés d'une île, sa propriété.

Nous avons connu près d'Orléans une dame, fille d'émigré, qui, rentrée avec peine dans la propriété du château de ses pères et d'un faible jardin attenant, avait reconstitué une partie de sa fortune perdue, en consacrant ce château et ce jardin à l'élève du lapin, du pigeon et de la poule.

Aujourd'hui, quelque grande que paraisse la quantité de

---

(1) En prenant 2 as 1/2 ou un quart de denier pour 1 sesterce, on peut lui donner une valeur équivalente à 12 centimes ; car l'as, ou livre romaine, était de 10 au denier, et le denier valait environ 40 centimes français. Fircellius gagnait donc 6 à 7,000 fr. avec ses grives.

volaille élevée en France, il est certain qu'elle est de tout point insuffisante ; et cependant M. Bixio y trouvait, en 1848, 47,938,628 poules, donnant 5,752,000,000 d'œufs.

Que s'il nous faut, en terminant cette introduction, dire quelque chose de notre méthode, la voici : traiter notre sujet à fond, en empruntant le langage de la nature, en le traduisant sans artifice ; dire le plus de choses possible en peu de mots ; insister sur les détails pratiques.

TRAITÉ PRATIQUE

DE L'ÉDUCATION

DES POULES, DES DINDES,

DES OIES ET DES CANARDS.

PREMIÈRE PARTIE.

DES POULES.

Le lecteur se tiendra constamment à notre point de vue : l'utilité du petit cultivateur, l'économie d'éducation unie à la bonté de l'élève et des produits.

CHAPITRE Ier.

CHOIX DES SUJETS.

On a dit et écrit de fort intéressantes choses sur les différentes espèces de poules, et nous savons que plusieurs basses-cours de luxe et certaines fermes-écoles en possèdent de fort belles et dont la race est pure et bien déterminée ; mais, il faut que nous le disions franchement, toutes les démarches que nous avons faites pour connaître et apprécier des sujets pur sang des trente et une races ou variétés des poules et coqs, n'ont pas toujours été heureuses. Le plus ordinairement on nous montrait des sujets abâtardis et dégénérés pour des individus de race Malaise, Javanaise, Cochinchinoise, de Bruges, de Padoue, Hollandaise, anglaise de Dorking, de Combat, de Bentam, etc. Notre séjour en Algérie nous a permis de constater l'excellence des poules Mahonaises et de Constantine pour la pondaison. C'est là que dans une basse-cour de quinze cents sujets nous avions pu réunir dans un local séparé, et grâce au concours d'amateurs distingués, les poules pur sang de Crèvecœur, du Mans, Espagnole et Dorking, avec les poules de fantaisie, sans queue (Vallikikili), la crépue ou frisée, et celle de Bentam, qui n'est qu'une très-petite poule, bonne pondeuse, mais dont les œufs sont petits comme ceux de pigeon ; engraissée, cette poule ne pèse pas même un demi-kilo.

La généralité de nos lecteurs ne nous saurait point gré de leur donner la description de toutes ces variétés, parce que ce serait sans profit pour eux. Nous préférons consacrer ces pages à des détails plus utiles et plus pratiques. D'ailleurs, l'acquisition des sujets de race pure, quand on en veut une collection assez complète, entraîne des frais énormes ; et, le plus souvent, si l'on se procure la poule d'une espèce, on manque de coq, ou si on le fait venir de loin, il coûte cher, périt en route, ou n'est pas de race pure. Ces désagréments ne sont pas les seuls : car, pour conserver ces races pures, il faudrait séparer chaque espèce, ce qui n'est pas possible au grand nombre d'éleveurs, et ce qui est contraire à leurs intérêts ; car ils doivent soigner l'espèce pour la production et non pour elle-même, et par conséquent n'avoir que les espèces les plus convenables à leur but.

Sous le rapport de la fécondité, on doit se borner à quelques races ordinaires : les meilleures, après les poules les plus répandues et plus ou moins dégénérées d'autres races, sont celles de Constantine, de Mahon et de Normandie On peut en trouver d'autres qui pondent plus longtemps et plus souvent, comme la Cochinchinoise; mais ces poules sont trop délicates, exigent plus de soins et surtout une nourriture dont les frais absorbent facilement le profit. Aux bonnes pondeuses que nous connaissons, il faut ajouter la poule bedouine, la rousse et la noire commune, lesquelles demandent à couver plus souvent, et distribuent leurs œufs dans l'année, à des époques où les autres poules cessent de produire.

Sous le rapport de la chair, il faut préférer les races du nord ou celles qui y ont été acclimatées et modifiées. Parmi elles, celles de Dorking, de Bréda et du Mans sont d'un goût plus délicat, d'une chair plus tendre, et ont l'avantage de prendre plus facilement la graisse.

En thèse générale, l'Orient produit les variétés et

les espèces premières ; l'Occident les modifie et les améliore. Les poules de Java, de Cochinchine ont donné de plus beaux sujets en Angleterre que dans l'Inde. De l'Asie nous viennent le dindon et une foule d'animaux utiles, et l'on en tirera des espèces précieuses en plus grand nombre, à mesure que les relations se multiplieront et deviendront plus rapides.

Nous tenons pour certain que la race fait beaucoup, mais que le mode d'éducation, l'influence du climat et de la nourriture font plus encore pour la beauté des élèves ; la qualité et l'excellence de leurs produits.

Le choix des sujets varie suivant qu'on les tient en liberté dans une basse-cour spacieuse, et suivant qu'on les tient enfermés dans un petit endroit ; dans ce dernier cas, les poules anglaises et spécialement celles de Dorking sont peut-être les seules à pondre sans diminuer notablement la quantité d'œufs qu'elles produisent à l'état libre.

Il est dans l'éducation des poules et la tenue d'une basse-cour, des particularités fort singulières et tout à fait inexplicables. Peut-être faudrait-il avoir égard à l'élévation de la localité au-dessus du niveau de la mer ; toujours est-il que l'exposition doit être prise en grande considération, et que celle au nord est la pire de toutes, celle qu'il faut toujours éviter. En tout cas, qui n'a vu dans une ferme située sur le penchant d'une colline des volailles magnifiques et qui étaient à l'abri de toute maladie, tandis que sur l'autre penchant ou dans un autre endroit, la même volaille, traitée de la même manière, ne pouvait prospérer ? Nous n'avons pu pousser nos observations assez loin pour dire si le sol des terrains primitifs était plus favorable à l'éducation des poules que les terrains secondaires ou tertiaires, les sols marneux plus favorables que les sols calcaires, à gravier, etc. ; mais le fait subsiste, la volaille ne réussit pas bien partout. Est-ce à cause des émanations terrestres, de l'électricité en plus ou en moins, et du degré d'humidité, etc. ? Nous ne pouvons le dire, mais nous avertissons nos lecteurs, afin que, du moins, ils profitent de ces remarques quand ils liront le chapitre de l'emplacement du poulailler.

Nous n'adopterons pas de race particulière, laissant à chacun d'utiliser ses sujets ou de les avoir plus ou moins mélangés ; mais nous devons faire connaître la conformation la plus avantageuse à leurs élèves.

1° Les Coqs. — Un coq doit être haut de jambes, sans excès ; il doit avoir des cuisses fortes et couvertes d'un long duvet ; sa crête, soit longue, soit en couronne, doit être bien rouge ; son cou long, garni de plumes longues et de diverses couleurs ; son bec court, très-fort et pointu ; ses yeux vifs, ses ongles longs, et sa queue richement empanachée. Un coq doit être fier, facile à battre de l'aile, au regard menaçant, au chant sonore et fréquent. Enfin, un bon coq montre en tout une grande sollicitude pour les poules. Non-seulement il ne craint ni ne cède devant l'ennemi qui le menace, mais il l'affronte et le combat pour défendre les poules et leur donner le temps de fuir.

On ne doit pas toujours rechercher les coqs énormes par la taille et très-élevés sur leurs jambes ; on trouve souvent parmi eux de grands indolents qui laissent beaucoup à désirer sous le rapport de la fécondation. Préférez une taille moyenne, une grande agilité, beaucoup de hardiesse, de la témérité même, et une grande ardeur à rechercher les poules. Le coq qui est de cette humeur est certes le meilleur et le plus utile. Avec lui on n'a pas d'œufs inféconds. Ce coq ne mange jamais seul, il ne trouve jamais pâture sans appeler ses compagnes par son gloussement ou cri de rappel, et il les laisse souvent manger seules, jouissant, à part lui, de la bonne aubaine qu'il leur procure.

Ce coq, âgé de huit mois à cinq ans, peut suffire à dix ou douze poules. Nous ne parlons que par expérience, comme on s'en convaincra dans le cours de cette lecture.

Les anciens qui connaissaient si bien la manière d'élever les oiseaux de basse-cour, nous ont laissé sur ce sujet d'excellents préceptes. Varron a dit du coq : « *Gallos salaces, qui animadvertuntur, si sunt lacertosi, rubenti crista, rostro brevi, pleno, acuto, oculis nigris, palea rubra, subalbicanti, collo vario, aut aureolo, fœminibus pilosis, cruribus brevibus, unguibus longis, caudis magnis, frequentibus pinnis. Item qui elati sunt, ac vociferant sæpè, in certamine pertinaces et qui animalia, quæ nocent gallinis non modò, non partimescant, sed etiam pro gallinis propugnent.* »

2° Les Poules. — On choisit les poules eu égard au but qu'on se propose. Est-ce pour les faire couver? on se munira de poules de petite race, parce que ces poules demandent souvent à couver, qu'elles sont légères et ménagent les œufs qui leur sont confiés, et parce qu'elles conservent mieux que d'autres tous les instincts maternels et toute la sollicitude requise pour leurs poussins, Est-ce pour la ponte? on fera choix de sujets plus forts, plus gros, demandant rarement ou point du tout à couver, et pondant par conséquent avec plus de régularité et de continuité.

La basse-cour doit être ornée d'une variété de poules qui permette à l'éleveur d'avoir constamment des œufs : les poules communes de la plus petite race pondent généralement pendant un mois, et se reposent pendant un autre mois. Il faut toujours en avoir un nombre suffisant, parce qu'elles suppléent aux poules de belle race, lesquelles pondent tout d'un trait dans la belle saison. Avec de telles poules on n'aurait des œufs qu'au printemps et en été, et quelques-uns en automne; tandis que si l'on possède des poules communes, on aura des œufs même en hiver. Les espèces intermédiaires ont deux ou trois pontes par an, entre chacune desquelles il y a un temps de non production. Nous avons une note concernant une de ces poules. Elle donna trente-sept œufs depuis le 12 mars jusqu'au 15 mai; elle couva du 18 mai au 9 juin, fut sequestrée, se remit à pondre le 10 juillet, et donna dix-huit œufs jusqu'au 14 août. A cette époque elle cessa de pondre, se mit à glousser, fut sequestrée, parce qu'on ne voulait pas qu'elle couvât; enfin fut remise en basse-cour le 4 septembre, et recommença à pondre le 12 de ce mois jusqu'au 6 décembre, pour donner quarante et un œufs.

Cette poule pondit donc quatre-vingt-seize œufs en trois pontes : printemps, été et automne; nourrie de vers et d'orge germée à la fin et au commencement de l'hiver, elle pondit un peu plus tôt et un plus tard que si elle avait eu seulement des grains. Elle couva une fois et fut empêchée une seconde fois de le faire. En somme, son année fut bien employée.

Nous avons obtenu en moyenne cinq œufs par jour de quatorze poules arabes, c'est-à-dire de la plus petite espèce, durant les deux mois d'hiver : janvier et février.

Durant le même temps, cinquante poules des plus belles races n'avaient rien produit, pas un seul œuf. On comprend donc que le mélange des diverses espèces de poules est nécessaire pour une production plus continue et mieux répartie dans toutes les saisons.

Les poules les plus recherchées pour la production des œufs, ont les plumes brunes, rougeâtres; elles sont même noires. Leur corps est épais, d'une certaine carrure, à large poitrail, à crête rouge. La queue est petite et recouvre à peine la large pelote de plumes fines qui enveloppe le croupion comme une belle houppe d'artichaut fleurie. Columelle les décrit en ces termes : « *Eæ sunt rubicundæ vel fuseæ plumæ, nigris que pennis ; ac si fieri poterit, omnes hujus et ab hoc proximè coloris eligantur ; sin aliter vitentur albæ... sint ergo matrices* (les pondeuses) *robusti corporis, quadratæ, pectorosæ, magnis capitibus, rectis rutilis que cristulis, albis ausibus, et sub hoc specie quam amplissimæ, nec paribus ungulis, generosissimaque creduntur quæ quinos habent digitos, sed ita ne cruribus emineant transversa calcaria.* » Mais nous n'avons jamais observé que les ouïes blanches, une grande tête, une crête droite, des jambes courtes, fussent des signes excellents.

Une poule qui chante et un coq qui se tait ne valent rien.

Les poules patues doivent être rejetées, parce que leurs pattes chargées de plumes sont toujours sales et mouillées, ce qui les refroidit et retarde ou diminue la pondaison.

Les poules à plumes retroussées et frisées ne prospèrent pas ou ne pondent pas assez, parce qu'elles sont fatiguées par le froid et la chaleur.

Nous avons fixé cinq ans au coq pour l'exercice de ses fonctions, c'est sa durée d'âge adulte et une partie de son âge mûr. Les poules doivent être généralement conservées un temps égal. Elles jouissent de la plénitude de leurs facultés productives de un à quatre ans. Passé cet âge, on doit les engraisser, s'en défaire et les remplacer, sauf quelques exceptions pour certains sujets qui donnent encore, et plus que jamais, les produits qu'on en exige.

Il est un calcul fort simple pour connaître la durée des animaux grands et petits. Il est basé sur le rapport constant et exact, dans chaque espèce, entre la durée de la vie et l'accroissement complet. En déterminant l'époque de cet accroissement, on trouve que l'animal vit cinq à six fois autant qu'il en met à croître en longueur. L'accroissement en grosseur arrive vers le milieu de la vie : c'est ainsi que l'homme (c'est la moyenne) croît en longueur jusqu'à vingt ans, et en grosseur jusqu'à quarante-cinq ans.

Le lapin qui vit sept ou huit ans, achève son accroissement en longueur à douze ou treize mois.

La poule vit sept ans ; elle achève son accroissement en longueur à douze mois.

Le pigeon vit cinq ans ; il croît en longueur jusqu'à dix mois.

Les variations sont justifiées par d'autres rapports entre l'accroissement et la durée de la gestation ou de l'incubation.

L'accroissement complet ou en longueur, consiste dans l'achèvement des organes, si l'on peut parler ainsi : le corps est à son complet ; les prolongements des os nommés épiphyses, sont unis au corps de l'os à cette époque seulement ; et ce moment n'arrive qu'après quinze mois pour le lapin et pour la poule.

D'où il suit que c'est à cette époque de leur vie seulement que les organes sont achevés, que les tissus jouissent de toute leur fermeté, et les chairs du degré d'animalisation qui les rend plus nourrissantes, plus substantielles.

Nous n'acheverons pas ce chapitre sans citer l'article de M. Barral sur le sujet qui nous occupe. Cet auteur fait remarquer qu'il reste beaucoup à faire en France pour l'amélioration des races de nos animaux de basse-cour. Nous appelons, pour notre compte, l'établissement d'expositions spéciales et de concours pour ces animaux. Rien n'en démontrerait mieux l'utilité et ne stimulerait mieux le zèle des producteurs, tout en propageant les bons élèves.

« En rendant compte du concours de la Société d'Agriculture d'Angleterre tenu en 1853, à Glocester, nous n'avons pu que signaler la présence, dans cette mémorable exposition, de plus de 1,200 têtes de volailles. Ce fait, qui est nouveau, attestait de la part des agriculteurs anglais, une préoccupation qui ne doit pas passer inaperçue en France. On sait quelle quantité considérable d'œufs nous expédions chaque année dans la Grande-Bretagne. En 1852, par exemple, nous avons envoyé en Angleterre 7,778,000 kilogrammes d'œufs ; or, un œuf pèse en moyenne 47 grammes, ou bien, en d'autres termes, il faut en moyenne de 21 à 22 œufs pour faire 1 kilogramme. On voit donc que nous envoyons en Angleterre 160,000,000 d'œufs. A raison de 90 œufs pondus par une poule en un an, et cette ponte est au-dessous du chiffre moyen, car c'est le nombre constaté par M. Dailly, on trouve que cette exportation est le produit de 1,833,000 poules. Nos importations dans les autres pays ne s'élèvent qu'à 66,000 kilogrammes d'œufs, ou en unités, 1,400,000, c'est-à-dire à un chiffre insignifiant. Nous avons reçu de l'étranger, en 1852, principalement de la Belgique et des Etats Sardes, 1,261,000 kilogrammes d'œufs, ou 24,700,000 d'œufs, c'est-à-dire sept fois moins que nous n'en expédions en Angleterre. Paris consomme annuellement de 5 à 6,000,000 de kilogrammes d'œufs, c'est-à-dire de 106 à 128 millions d'œufs, L'Angleterre est donc, pour ce produit de l'industrie des femmes de nos cultivateurs, un marché plus considérable que Paris, de plus d'un septième.

« Ces chiffres montrent les conséquences qui pourraient résulter pour la France, d'améliorations importantes et d'un accroissement considérable dans l'élève des volailles en Angleterre. Il faut, de toute nécessité, que nous suivions le progrès qui s'est produit de l'autre côté du détroit, et on comprend difficilement le dédain que les organisateurs de nos concours d'animaux reproducteurs affectent pour la volaille.

« C'est à peine si, dans nos fermes, il y a aujourd'hui quelques milliers de têtes de l'espèce *cochinchinoise*, qui produit à la fois grand nombre d'œufs et des animaux qui prennent facilement la graisse.

« Sans doute, les bons ouvrages sont de nature à exciter le progrès parmi les femmes des agriculteurs ; mais des exemples vivants des meilleurs types exerceraient une action plus grande sur l'esprit des visiteuses.

« C'était chose remarquable de voir, à Glocester, l'empressement des plus nobles visiteuses examiner attentivement et longuement, malgré un temps affreux, les cages qui contenaient les plus belles bêtes. Il s'est formé, en 1851, une société pour la propagation des belles races de poules, qui compte dans son sein les plus grands seigneurs et les hommes d'Etat les plus illustres de l'Angleterre. Cette société fait deux expositions par an : l'une d'été, dans le jardin zoologique de Surrey street, et celle d'hiver, qui vient d'avoir lieu durant les premiers jours de décembre, dans le haras central de St-George-Rood. Le nombre des volailles exposées était très-considérable ; on ne comptait pas moins de 585 coqs ou poules, et il y avait plus de 200 canards. L'exposition a paru plus belle que celle de cet été. Les poules de Cochinchine montraient leur force et étalaient tous leurs avantages. On voyait cependant plusieurs nouvelles variétés, les *Brahmo-poota*, qui, dit-on, sont meilleures pondeuses que les *Ormer*. Ce sont de magnifiques volailles, mais dont on paraît surtout fort engoué, puisque les prix de vente se sont élevés de 625 à 2,500 francs. Les autres variétés de Pologne, de Hambourg, des îles malaises, de Java, étaient également nombreuses et ont aussi mérité les suffrages des amateurs.

« Comme on ne connaît pas en France les diverses races de volailles de l'Angleterre, nous croyons devoir ici reproduire le tableau des prix proposés par la Société royale d'Agriculture pour le concours de Glocester.

« *Classe* 1re — Race de Dorking (nom d'une ville du Surrey), lots formés de un coq et de deux poules nés en 1853 ; 1er prix, 125 fr. ; 2me prix, 75 fr. ; 3me prix, 50 fr. ; 4me prix, 25 fr.

« *Classe* 2me. — Même race, mêmes lots, mais âgés de plus d'un an. Mêmes prix.

« *Classe* 3me. — Race d'Espagne, mêmes lots, sans distinction d'âge. Mêmes prix.

« *Classe* 4me. — Race de Cochinchine, mêmes lots, nés en 1853. Mêmes prix.

« *Classe* 5me. — Race de bruyère, lots formés de un coq et de deux poules. 1er prix, 75 fr. ; 2me prix, 50 fr. ; 3me prix, 25 fr.

« *Classe* 6me. — Race de Hambourg, dorée ou argentée. Mêmes lots et mêmes prix.

« *Classe* 7me. — Race de Malay. Mêmes lots et mêmes prix.

« *Classe* 8me. — Race de Pologne. Mêmes lots et mêmes prix.

« *Classe* 9me. — Dindons. Mêmes lots et mêmes prix.

« *Classe* 10me. — Oies. Lots formés de un jars et de deux oies, nés en 1853 ; 1er prix, 125 fr. ; 2me prix, 75 fr. ; 3me prix, 50 fr. ; 4me prix, 25 fr.

« *Classe* 11me. — Canards d'Aylesbury, lots formés de un mâle et de deux femelles ; 1er prix, 75 fr. ; 2me prix, 50 fr. ; 3me prix, 25 fr.

« *Classe* 12me. — Canards de Rouen (normands). Mêmes lots et mêmes prix.

« *Classe* 13me. — Canards de toutes races. Mêmes lots et mêmes prix.

« Tous les prix furent remportés, et le jury dut en outre accorder bon nombre de mentions honorables, en déclarant que les dorkings ne s'étaient jamais montrés aussi beaux à aucune exposition du Royaume-Uni. »

Voici enfin un petit tableau comparatif des poids des sujets de diverses races, et de leurs œufs.

NOMS DES RACES.	POIDS DU COQ.	POIDS de la POULE.	POIDS DES OEUFS.
Malaise	5 kil.	4 kil.	70 gr.
Cochinchinoise	5 k. 200 g.	5 kil.	60 gr.
Commune	2 kil.	1 kil. 1|2.	60 gr.
Crèvecœur	3 kil.	2 kil. 1|2.	90 gr.
Du Mans	2 kil. 1|2.	2 kil.	80 gr.
De Bruges	3 kil.	2 kil. 1|2.	70 gr.
De Constantine	3 k. 208 g.	3 kil.	80 gr.
D'Espagne	3 kil.	2 k. 700 g.	90 gr.
Bédouine	1 kil.	800 gr.	50 gr.
De Padoue ou de Pologne	2 kil. 1|2.	2 kil.	60 gr.
De Compine	2 kil.	1 k. 700 g.	50 gr.
De Dorking	3 kil.	2 k. 700 g.	60 gr.
De Combat	2 kil.	2 k. 700 g.	60 gr.
De Bentam	500 gr.	400 g.	30 gr.

CHAPITRE II.

CHOIX DE L'EMPLACEMENT ET ORGANISATION DU POULAILLER.

La plupart de ceux qui élèvent des poules les mettent où ils peuvent; mais si l'on bâtissait pour elles, il faudrait que les ouvertures fussent à l'opposé du vent dominant, vers le levant, au pis aller vers le midi, et autant que possible à une certaine élévation au-dessus du sol, et contre le mur du four ou de la cheminée, non-seulement à cause de la chaleur dont les poules profiteraient, mais aussi afin que la fumée du bois qu'on y brûle, se répande parfois dans le poulailler. On peut y suppléer en y faisant brûler souvent quelques poignées de bruyères ou d'arbustes, autant pour l'enfumer un peu et en chasser l'air chargé de miasmes, que pour s'opposer à la multiplication des insectes qui tourmentent la volaille. Nous avions même l'habitude de faire brûler ces substances en les promenant contre les murs et les bois du poulailler.

On évitera toujours l'humidité, le froid, l'ombre et la saleté. On laissera pénétrer le soleil, une partie de l'après-midi, dans le juchoir; tout y sera blanchi à la chaux plusieurs fois l'année; les ordures en seront enlevées au moins deux fois par semaine ; et la paille des paniers à pondre se renouvellera deux ou trois fois par mois, tandis que les paniers eux-mêmes seront changés, ou fort bien purifiés, au moins une fois par an.

Un excellent moyen pour détruire les insectes parasites, c'est de mêler à l'eau de chaux avec laquelle on blanchit, le tiers de sulfure de chaux, liqueur dont on se sert aussi pour purger la paille, laver les paniers, les bois, etc. Le sulfure de chaux se fait de la manière suivante : on met une poignée de fleur de soufre et trois poignées de chaux vive délitée, dans dix litres d'eau que l'on fait bouillir pendant une demi-heure, après quoi l'on décante et l'on met dans un vase ou dans des bouteilles, à conserver pour l'usage. Le résidu se mêle à la poussière où les volailles vont se poudrer.

La disposition des ouvertures doit être telle qu'on puisse aérer l'appartement aussi souvent qu'il convient, et y entretenir un demi-jour, sans empêcher le renouvellement incessant de l'air. Deux suffisent pour un poulailler ordinaire ; ces ouvertures sont grillées, de manière à exclure les rats et les belettes ; on les garnit de volets pour ménager la clarté et tenir l'intérieur dans une certaine obscurité qui plaît aux pondeuses.

Le juchoir consiste en une sorte de large échelle posée contre l'un des murs ; son inclinaison doit faire un angle droit avec le mur, et la distance des barreaux doit être de 35 à 40 centimètres. Cet intervalle et cette pente laissent aux poules juchées assez d'écartement de la tête à la queue pour les empêcher de se salir. Les barreaux du juchoir ont au moins 5 centimètres de diamètre; ils ne sont pas polis, et plutôt carrés que ronds, afin que les poules les serrent commodément avec leurs pattes sans glisser. Le dernier barreau doit atteindre à 40 centimètres de la toiture ou du plancher supérieur.

Les deux tiers du poulailler seront occupés par ce juchoir; le tiers laissé libre doit être le plus obscur, muni de traverses et de paniers à diverses hauteurs.

Les poules viendront y pondre d'autant plus facilement que les paniers seront moins en vue et moins sur le passage des autres poules. Elles recherchent surtout un panier médiocrement profond, d'une capacité telle que la pondeuse puisse s'y retourner sans froisser sa queue, et observer ce qui se passe autour d'elle en relevant la tête, comme aussi se cacher entièrement en l'abaissant.

Cette disposition des paniers à pondre est également convenable pour les paniers où l'on fait couver. Les précautions que nous venons d'indiquer sont indispensables si l'on veut réussir, et s'appliquent à tous les oiseaux.

On s'aperçoit que nous ne donnons dans cette disposition aucune place aux couveuses, ni aux poussins, ni aux poulets. C'est que le poulailler doit n'être affecté qu'aux poules adultes en état de pondre et à leurs coqs. On évite ainsi mille inconvénients, dont les principaux sont : 1° que les couveuses, obligées de défendre leurs paniers ou leurs poussins contre les prétentions des autres poules, sont très-exposées à n'avoir pas le temps de manger, à laisser errer leurs poussins, à abandonner leurs œufs; 2° les poussins ne peuvent jamais manger en paix, se voient frustrés d'une partie de leur nourriture, souffrent du froid ; 3° les poulets ne se juchent jamais bien, les poules les chassent de tous les barreaux, et il ne leur reste qu'à s'accroupir sur le sol où ils se refroidissent.

Si l'on était forcé par les circonstances à confondre tout dans la même basse-cour, il conviendrait de consacrer aux poulets un juchoir particulier et plus petit, ayant des barreaux plus rapprochés; de séparer dans des paniers à claires-voies les poules couveuses; de renfermer celles-ci avec leurs poussins sous des cages particulières, où nourriture et breuvage leur seraient fournis exactement.

On réussit beaucoup mieux en plaçant le poulailler dans une basse-cour, et les élèves dans une autre, ou bien en ayant deux poulaillers dans la même basse-cour, l'un à une extrémité, l'autre à l'autre.

Le poulailler destiné aux élèves aura ses juchoirs accommodés à l'âge des poulets, à la diversité de leur provenance; il y aura des retraites et des angles secs et garnis de paille pour les couvées trop jeunes; des paniers pour les couveuses et tout l'attirail de cette production; des mangeoires et des abreuvoirs toujours propres, au dedans et dans la cour; des cages à poussins pour séparer les couvées ; enfin en dehors, dans la cour et à l'abri de la pluie, un recoin plus ou moins grand, suivant le nombre des couveuses ; par exemple de 2 mètres carrés pour dix poules. Dans ce recoin on placera de la poussière ou terre fine, sèche, formant une couche de 15 centimètres environ, et composée, sur cent parties, de quatre-vingts en terre sablonneuse, de cinq parties de cendres, de quatre de chaux et d'une de matière sulfureuse. C'est dans cette poussière bien mélangée que les couveuses vont se vautrer pour se débarrasser des insectes qui les fatiguent, surtout durant l'été, jusqu'à les épuiser et leur faire abandonner leurs œufs.

Quand une écurie se trouve dans l'enceinte d'une basse-cour, on doit éviter qu'il s'y trouve des eaux stagnantes, des écoulement de fumier, très-nuisibles aux animaux qui vont s'y désaltérer. Du reste, une écurie bien tenue ne peut qu'être très-favorable aux poules ; elles y auront un abreuvoir distinct de celui des bêtes de somme, des moutons, etc., et, si faire se peut, cet abreuvoir ne sera pas autre qu'un petit cours d'eau fort propre.

Il n'est pas utile que les poules du poulailler, destinées à la pondaison, sortent par la porte ou par une fenêtre. Toutes les ouvertures doivent être fermées à clef, parce que le lieu ne doit être visité que par la personne chargée de la propreté et par celle qui lève les œufs. L'intérieur doit être toujours tranquille et solitaire, et nous conseillons à ces personnes de n'y entrer que dans l'après-midi, pendant la distribution du soir. Sans cette précaution, on s'expose à détourner des poules moins familières, qui s'en vont facilement pondre ailleurs.

On pratiquera donc, vers le milieu de la façade et du côté du juchoir, une ouverture suffisante au passage de la volaille. On placera en dedans une planche conduisant au juchoir et aux paniers à pondre, et au dehors une autre planche qui s'élève de terre au niveau de cette ouverture ; elle sera garnie, de distance en distance, de petites traverses qui rempliront l'office d'échelons. Cette planche aura le plus d'inclinaison que l'on pourra, afin que les poules montent et descendent sans difficulté.

La petite ouverture dont nous venons de parler s'ouvrira toujours de grand matin, au point du jour, mais elle sera fermée le soir de bonne heure, vers le coucher du soleil, sitôt que les poules seront toutes rentrées.

Quant à l'étendue du poulailler relativement au nombre des sujets, les proportions les plus convenables que nous ayons trouvées sont celles de cent poules pour un local de 3 mètres carrés. Il faut cet espace pour les jucher commodément et leur donner les paniers et la place strictement nécessaires à la ponte.

L'éleveur ne perdra jamais de vue qu'il doit ne rien épargner pour rendre le poulailler sain, propre, solitaire et tranquille, comme aussi pour l'entourer de toutes les commodités qui en rendent le séjour agréable et profitable aux poules; c'est le meilleur moyen pour lui d'en profiter aussi. Il complantera ses cours d'arbres et d'arbustes, dont l'ombrage garantit les poules des ardeurs du soleil, et dont les fruits leur procurent de temps à autre quelques friandises : tels sont les mûriers, la vigne, le cerisier, le sureau, l'arbousier, le hêtre, le figuier, etc.

CHAPITRE III.

DES COUVÉES.

Après avoir pondu un certain nombre d'œufs, la plupart des poules demandent à couver. Elles prennent des allures particulières, restent une partie de la journée et de la nuit sur les œufs, perdent les plumes du ventre, poussent un cri nouveau, gloussement bien connu; en même temps leur crête pâlit et se flétrit, elles mangent moins et fientent plus rarement, elles sont échauffées. Si à cette époque on applique un thermomètre sous l'aile d'une poule, on constate une élévation de plusieurs degrés dans la température de ces parties.

En cet état, à peu près toutes les poules sont susceptibles de couver; mais on ne doit confier cette importante fonction qu'à celles douées d'un instinct maternel bien développé, peu pesantes, n'ayant point ou peu de griffes de derrière, car c'est avec ces griffes que les couveuses cassent ordinairement leurs œufs.

Une petite poule ne doit couver que onze ou douze œufs; la durée de l'incubation est de vingt et un jours. On doit choisir les œufs les plus frais; on les trempe dans l'eau froide, on les essuie et on les place dans le panier; dès ce moment on ne doit plus y toucher. La poule les tourne et retourne à son gré, qui est le gré de la nature. On pense, avec quelque fondement, que les œufs les plus longs donnent des coqs. Nous disons *avec quelque fondement*, parce que nos observations nous ont donné des résultats assez positifs à cet égard, mais seulement eu égard aux œufs d'une même poule, car les unes les font plus longs que les autres, et l'on se tromperait en choisissant tous les œufs longs provenant de diverses poules, attendu qu'un œuf moins long, provenant d'une poule dont les œufs sont plus ronds, donnerait un coq, de préférence à un œuf plus long qui serait encore le moins long des œufs pondus par une poule dont tous les œufs sont plus longs.

On voit dans quelques fermes les ménagères placer un fer sous la paille du panier où sont les œufs couvés, dans la pensée de les garantir de la foudre. Nous nous sommes convaincu de l'influence de ce terrible phénomène. Il n'est pas rare, en effet, de voir perdre une ou plusieurs couvées par l'effet de l'électricité, qui tue les germes, surtout dans les huit ou dix premiers jours de la couvaison; mais nous devons dire que le fer placé au-dessous des œufs ne les en garantit pas du tout, si même il n'a pas la propriété de les exposer au danger. Les expériences que nous avons faites en Afrique, en 1849, dans une basse-cour très-nombreuse, et où nous entretenions toujours une quarantaine de couveuses, nous permettent d'être affirmatif.

Les couveuses doivent être placées dans un même local et en nombre déterminé par l'intelligence et l'habileté de la personne qui en a soin ; car il faut qu'elle sache, soit de mémoire, soit à l'aide de marques ou de notes, quelle poule occupe tel panier et quelle tel autre panier. Cela est nécessaire, parce qu'en revenant de prendre leur repas, les couveuses se jettent souvent dans le premier panier vide ou dans celui qui leur convient le mieux, auquel cas on doit les changer aussitôt, sous peine de voir certaines poules prendre une ou plusieurs fois des œufs plus jeunes et couver un mois ou plus, ce qui excéderait leurs forces.

Toutes les couveuses n'ont pas la même assiduité sur leurs œufs ; mais on se tromperait de croire qu'on les rend plus assidues par des procédés quelconques, même en les renfermant avec leurs œufs sous une cage où l'on déposerait la nourriture. Les poules volages doivent être supprimées ou remplacées sans hésitation.

La meilleure manière de traiter les couveuses, c'est de leur ouvrir le lieu où elles sont, le matin après neuf heures, et de le fermer le soir après le dernier repas. A l'ouverture de l'appartement et à l'heure du premier repas, de neuf à dix heures, on les voit se précipiter, en caquettant, vers la petite cour où elles doivent prendre un instant leurs ébats. Là, leur premier soin est de se tirailler, de s'allonger, de se vider, de se débattre au soleil, de se poudrer; puis elles mangent à la hâte, boivent et rentrent, avec une gravité comique, pour se remettre sur leurs œufs. Les personnes qui croient mieux faire de mettre leurs vivres à leur portée, de manière à ce qu'elles mangent sans quitter leur panier, doivent changer d'opinion : il est dans la nature de laisser chaque jour, quelques instants, les œufs seuls; cela ne ralentit en rien le travail d'incubation ni le progrès du poulet, et semble au contraire les favoriser par la petite réaction qu'une impression momentanée de froid provoque dans l'œuf. D'ailleurs, la poule a besoin de se reposer un instant chaque jour, d'allonger ses pattes, de se nettoyer; sa santé y gagne, ainsi que son assiduité.

On portera une grande attention aux paniers; on en fera la visite tous les jours, pendant le repas du matin, parce que plusieurs couveuses ne quittent pas le leur pour le repas du soir. On examinera l'état des œufs, on ôtera ceux qui seront cassés et les ordures qui pourraient les salir. On redoublera d'attention au dix-neuvième jour de l'incubation; au vingtième, on surveillera la couveuse, qui dès ce moment commence à entendre ses poussins encore dans l'œuf, car elle est exposée à négliger sa nourriture, et l'on devra au besoin la porter au dehors pour lui offrir son repas; enfin, l'on aura soin de laisser les poussins sortir tout seuls de l'œuf. Tout est ordinairement terminé à la fin du vingt et unième jour. Les poussins retardataires, ceux qui n'ont pas la force de casser la coquille, sont peu viables, on peut à peine se permettre de les aider avec une pointe d'épingle; mais s'il arrivait qu'en faisant effort sur la coquille, on déchirât la membrane de manière à tirer une goutte de sang, le poulet serait perdu.

Quelques personnes sont dans l'habitude de faire couver les œufs de poules à des dindes, et leur en donnent jusqu'à vingt-cinq; c'est un procédé que nous n'approuvons pas plus que celui qui consiste à les faire couver par un chapon, qu'on enivre préalablement en le gorgeant de mie de pain imbibée de vin. Le poids de ces animaux, l'action de leurs griffes occasionnent la perte de beaucoup d'œufs, cassés ou rejetés et ensevelis dans la paille trop brutalement retournée. Cependant, nous conseillons volontiers de faire couver ceux de cane par des poules, pourvu que l'on fasse couver en même temps une ou deux canes, afin qu'elles conduisent les canetons de toutes les couveuses, car les mœurs du canard diffèrent trop de ceux de la poule pour la laisser chargée de son éducation. Si nous faisons cette exception en faveur des œufs de cane, c'est qu'il est difficile de trouver chez elles la même docilité à couver; elles sont trop farouches et abandonnent facilement leurs œufs.

Revenons à la couvée. Le poussin, au sortir de l'œuf, peut marcher et courir, mais il doit être retenu sous les ailes de sa mère pendant au moins une demi-journée. On les réunit ensuite pour leur donner à manger, d'abord avec un jaune d'œuf durci et émietté, du pain, des débris de bouillies de riz, etc. On les nourrit bientôt avec des pâtées composées de pain, d'herbes bouillies, poireaux, ortie, laitue, etc.; enfin on leur donne des grains, des vers de terre.

La chaleur, la sécheresse, la propreté sont indispensables à la nouvelle couvée. Dans la belle saison, on doit s'arranger pour mettre deux ou trois poules à couver le même jour, afin que les poussins puissent être réunis sous une seule, au fur et à mesure qu'ils éclosent. Il faut prendre garde que la poule ne s'aperçoive de la supercherie, car elle pourrait bien se fâcher et battre l'intrus, surtout après qu'elle a déjà conduit, même une seule fois, ses poussins. Les nouveaux venus courent un danger réel si on ne les confond avec les autres sans être vu de la mère.

CHAPITRE IV.

DES ÉLÈVES.

Dans la basse-cour destinée aux élèves, il faut encore, si l'on veut très-bien faire, établir des séparations et des divisions pour les divers âges et les divers sujets.

Celle d'abord où vagabondent les poules avec leurs poussins, puis une autre pour les poussins retirés à leurs mères et âgés de six semaines à trois mois; enfin celle de l'âge le plus avancé, des poulets venus de la deuxième division, et qui restent dans celle-ci jusqu'à l'âge de cinq ou six mois.

On se souviendra de ces trois divisions pour suivre avec profit ce que nous dirons au chapitre de la nourriture. Ces trois divisions sont nécessaires pour assurer la tranquillité de tous; les plus jeunes poulets ne seront pas frustrés de leur ration par la voracité des plus forts, et chaque âge aura la nourriture qui lui est la plus convenable.

Tant que le poussin est sous l'aile et le gouvernement de la mère, il a besoin d'une alimentation choisie, plus délicate et plus substantielle. On continue ces soins dans la seconde division, parce que les poulets qui s'y trouvent y subissent la crise de la mue. Cette époque est dangereuse pour plusieurs; elle survient entre deux et trois mois.

Une fois cette crise passée et le poulet couvert des principales plumes qu'il doit garder, sa vie est à peu près assurée, et il faut économiser sur ses pitances, chose qui serait impossible si les élèves de divers âges étaient mêlés et mangeaient à la même sébile, dans le même lieu, à la même pâtée.

On fera bien de retenir dans la troisième division les poulets jusqu'à l'âge de six mois, et de ne mettre qu'alors dans la grande basse-cour ceux qu'on veut conserver pour remplir les vides ou augmenter le nombre des pondeuses. On peut, dès l'âge de cinq mois, faire déjà son choix et mettre de côté les jeunes coqs et les poulettes dont on veut faire des chapons et des poulardes, les poulets dont on veut se débarrasser immédiatement après un engrais suffisant, et les sujets qu'on destine à la production, parce que chacune de ces classes gagne dès ce moment à être traitée conformément au but qu'on se propose.

Les sujets destinés à la grande basse-cour seront choisis parmi les poulets de l'été; car, outre qu'ils sont de plus belle venue, on n'aura pas à attendre longtemps leurs produits, dès les premiers beaux jours qui suivront l'hiver. On ne serait pas plus avancé si l'on prenait les poulets éclos au printemps; ils n'en passeraient pas moins l'hiver, à peu près improductifs. Ceux-là doivent en général être livrés au marché en été et en automne, ou chaponnés pour être vendus en automne ou en hiver.

On comprend que les poulets du printemps sont d'autant mieux vendus qu'ils sont venus plus tôt; on doit y tenir. Mais ces primeurs exigent un local chaud et sec; sans cela on s'expose à perdre tous les poulets hâtifs, dont le froid et l'humidité sont les plus cruels ennemis. Quoi qu'il en soit, on mettra à couver le plus tôt possible : car si les premiers froids de novembre ne trouvaient pas des poulets de trois mois ayant déjà mué, ces poulets tardifs succomberaient à la mauvaise saison ou seraient chétifs et d'un rapport insuffisant. Si l'on veut obtenir des œufs en hiver et des poulets hâtifs, on met les couveuses dans des appartements chauffés et l'on a une basse-cour parfaitement exposée.

Les sujets que l'on destine à la grande basse-cour devront y être portés en assez grand nombre à la fois pour s'y tenir compagnie et n'être pas éprouvés par le changement de domicile. Étant en troupe et habitués à se voir ensemble, ils seront moins harcelés par les poules, qui querellent volontiers les nouvelles venues.

Nous nous souvenons d'avoir adopté, dans la basse-cour que nous avions formée en Afrique, un arrangement qui économisait un grand nombre de coqs. On sait que la poule produit des œufs quand même elle ne serait pas fécondée ; cependant, l'absence complète de coq se ressentirait par une moindre production d'œufs. Nous avions donc réduit le nombre de coqs à un pour cinquante poules ; mais, d'autre part, nous conservions une petite basse-cour réservée à dix-huit poules choisies et deux coqs excellents : leurs œufs étaient destinés seuls à être couvés. Par cet arrangement, nous évitions tous les mécomptes que nous avions éprouvés en faisant couver les œufs pris au grand poulailler, lorsqu'il y avait un coq pour douze poules, non que le nombre fût insuffisant à la fécondation de toutes, mais parce que certains coqs avaient trop de poules et d'autres pas assez ou point du tout. De cette manière, d'ailleurs, nous économisions la nourriture de sept à huit coqs pour cent poules, et nous avions des œufs toujours fécondés.

Quant aux élèves destinés à l'engrais, on se comporte différemment. Les coqs sont chaponnés et les poules subissent une opération équivalente. Celles-ci, pourtant, peuvent fort bien s'engraisser sans cela; les poulardes du Mans, par exemple, s'engraissent sans opération préalable. Il importe, avant de faire prendre graisse, de laisser prendre chair, c'est-à-dire que les coqs ne doivent être engraissés qu'après leur croissance, vers l'âge de six mois; mais il faut les faire chaponner entre trois et quatre mois. On se dispense généralement d'opérer les poules; on les engraisse très-bien si on les entreprend avant qu'elles aient pondu.

M. Mariot-Didieux a décrit ainsi l'opération du chaponnage. Il n'y a pas deux manières de bien dire la même chose :

« Pour chaponner un coq, un aide le place sur le dos, lui tient les ailes et les pattes dans les deux mains. L'opérateur, placé en avant de l'aide et lui faisant face, arrache les plumes depuis la pointe du sternum jusqu'à l'anus. Quand la partie est découverte, on pince longitudinalement la peau et l'on fait une incision transversale, un peu sur le côté droit. Cette incision doit commencer près de l'anus et s'étendre au flanc droit, en dessous de la pointe du sternum, sur une longueur d'environ 5 à 6 centimètres. La peau incisée, on découvre un muscle, véritable tunique abdominale, et on implante la pointe d'une érigne dans son tissu fibreux pour la soulever et la séparer des intestins; on la divise au moyen d'un bistouri ou d'un ciseau. Après cette incision apparaît le péritoine, membrane lâche, mince, transparente, qu'on ouvre également. Après avoir graissé le doigt indicateur de la main gauche, on le dirige vers le flanc droit, en passant à côté de la masse intestinale, qu'on pousse en avant. On cherche à la place qu'occupent ordinairement les reins des autres animaux; on y rencontre un corps de forme analogue à ces glandes. Le testicule est attaché et fixé au dos de l'animal au moyen de membranes minces et faciles à déchirer; on le détache avec le bout du doigt. Quand ce corps est détaché, on l'entraîne doucement vers l'ouverture pratiquée aux parois du ventre. Quand on manque de le suivre, il est assez difficile à retrouver. Cependant c'est vers le croupion, près de l'anus et à l'endroit le plus bas, qu'on le retrouve presque toujours.

« Arrivé à l'endroit de l'ouverture, on le saisit, et s'il est encore attaché à quelques lambeaux du péritoine, on le détache facilement.

« On procède de la même manière de l'autre côté. La castration terminée, on examine par l'ouverture du ventre s'il n'y a pas quelques caillots sanguins sur les intestins, et s'il en existe, on les extrait. Le sang des gallinacés se coagule facilement et l'hémorragie est peu à redouter.

« On ferme la plaie au moyen d'une aiguille et

d'un fil ciré. On lave avec un peu d'arnica : 5 à 6 gouttes dans un verre d'eau.

« Le coq doit être mis à la diète vingt-quatre heures après la castration. S'il est faible, on peut lui donner après l'opération du vin pour boisson. »

M. W. Trottes a dit, dans son *Traité complet de l'élève et de l'engraissement des oiseaux de basse-cour :* « L'enlèvement des organes producteurs se fait au moyen d'une incision faite avec un instrument tranchant; quelques points d'aiguille avec du gros fil ciré réunissent les bords de la plaie après l'opération. On ne doit la laisser pratiquer que par des personnes exercées; elle réussit presque toujours. C'est du troisième au quatrième mois après leur naissance que les poulets supportent le mieux la castration. Plus jeunes, ils ne prendraient pas assez de volume; plus âgés, ils succomberaient en grand nombre aux suites toujours plus ou moins dangereuses. »

Nous donnons dans un autre chapitre les soins que demande la volaille soumise à l'engrais.

CHAPITRE V.

DE LA NOURRITURE.

La question de la nourriture est le grand sujet de préoccupation des éleveurs, et la grande pierre d'achoppement contre laquelle viennent échouer la bonne volonté des uns et la mauvaise économie des autres. Ceux-ci, considérant les substances un peu plus recherchées données en aliment aux poules qui pondent et à celles qui couvent, en concluent que le gain est au-dessous de la dépense; les autres, sans égard aux âges et à la distinction des divers sujets, distribuent également à tous la même alimentation, et se trouvent à la fin bien loin de compte.

Rien pourtant n'est plus facile que d'accorder l'excellence des produits et la santé des poules avec l'intérêt des éleveurs. Parmi eux, les uns se contentent d'élever assez de volaille pour consommer les mauvais grains et les résidus d'une ferme, et ils se croient autorisés à ne prendre d'autre précaution que de destiner pour les poules un méchant réduit, où elles sont censées déposer leurs œufs et jucher; les autres élèvent des poules en aussi grand nombre qu'ils peuvent, afin d'en tirer le plus de profit possible. Nous dirons aux premiers qu'ils ont beaucoup à profiter de ce qui précède et de ce qui suit, et, s'ils sont de bonne foi, ils avoueront que leurs poules, ainsi abandonnées à elles-mêmes, leur coûtent plus cher que ce qu'elles produisent. Nous dirons aux autres que, pour élever en grand ce petit bétail, ils se substituent en partie à la Providence, et doivent étudier les mœurs, les besoins et les goûts des animaux qu'ils élèvent pour être leur seconde providence, les faire prospérer et en tirer tout ce qu'ils peuvent produire.

Les uns et les autres entreront facilement dans

notre système d'alimentation ; chacun le modifiera suivant la localité, le nombre des volailles, le but qu'il se propose, les moyens qu'il a entre les mains, tout en se dirigeant d'après les principes que nous allons développer.

Dans l'industrie des basses-cours, éducation des lapins, des poules, des pigeons, des dindes, des oies, des canards, des ortolans, des oiseaux de volière, il est question de transformer des denrées d'un certain prix de revient en viandes, en graisse, en animaux, d'un prix plus élevé : voilà le problème.

Une poule se vend 1 fr. 50 c. ; elle donne par an, en moyenne, quatre-vingt-dix œufs, dont le prix est de 3 fr. 50 c. : en tout 5 fr. Mais si elle mange en orge, blé, avoine, jardinage, pour une somme de 5 fr., où est le profit? Dans le fumier tout au plus, car en l'utilisant exactement, on en tire 1 fr. par poule et par an, ce qui donne 6 fr. par poule.

Une paire de pigeons vaut 1 fr. ; elle donne ordinairement au moins six paires de pigeonneaux, qui se vendent 5 fr. Or, si une paire de pigeons produit 6 fr., il faut que leur nourriture et leur entretien coûte moins de 6 fr. pour avoir intérêt à en élever.

Une poule qui couve douze œufs vaut 2 fr. avec ses œufs ; la part faite à la mortalité ne permet de compter que sur huit poulets, dont quatre peuvent être vendus 6 fr., et quatre autres, chaponnés, 8 fr., total, 16 fr. Mais il vaudrait mieux ne pas se livrer à cette spéculation si la poule couveuse dépensait 1 fr.

et les poulets 2 fr., l'un dans l'autre, jusqu'au moment de la vente, car on perdrait 1 fr.

Voici comment depuis longtemps nous avons, dans plusieurs basses-cours organisées par nous, allié l'économie à la beauté des produits et rendu avantageuse l'industrie qui nous occupe. Nous allons exposer notre méthode dans les quatre articles suivants : 1° *Nourriture des pondeuses ;* 2° *nourriture des couveuses et des poussins ;* 3° *nourriture des poulets de la deuxième et de la troisième division ;* 4° *nourriture des chapons et des poulardes.*

1° NOURRITURE DES PONDEUSES.

Indépendamment de leur basse-cour, les poules élevées pour la production des œufs devront avoir un champ d'un hectare par mille poules, plus ou moins, suivant la bonté du terrain. On l'entourera d'une haie d'au moins 3 mètres d'élévation, si la haie est composée de poteaux minces et d'échalas sur lesquels les poules ne puissent se percher.

Ce terrain sera complanté, comme la basse-cour, d'arbres, d'arbustes et de plantes dont les fruits, faînes, mûres, arbouses, cerises, baies de troëne, de sureau, fraises, etc., plaisent aux poules. Le coin le plus humide sera réservé aux vers de terre, un autre coin à la verminière factice, et le reste à la culture des céréales et autres herbes destinées aux poules.

1° VERS DE TERRE. — Une terre meuble, un peu argileuse et toujours humide, est nécessaire. On la fera bêcher à 27 centimètres, en enfouissant 5 kilogrammes de paille par mètre carré; la surface, souvent humectée, sera recouverte de vieilles planches ou de pierres plates; en hiver elle sera recouverte de 10 centimètres de paille ou de fumier. On ne fera pas mal d'ajouter par-dessus des vieux bois, des fagots, tout cela afin de tenir la terre humide en été, chaude durant la saison rigoureuse, et d'y attirer beaucoup de vers.

Ainsi préparée, cette terre peut donner un repas à cinquante poules par 2 mètres carrés. On bêche cette terre, on la retourne, on l'éparpille, afin que les poules la fouillent et mangent les vers qu'elle contient. Le repas achevé, on la réunit au même endroit en ensevelissant un peu de nouvelle paille, et le jour suivant on fait la même opération à 2 autres mètres carrés. Au bout de trente jours on revient au premier endroit, qui est de nouveau peuplé de vers de terre, et ainsi de suite. Soixante mètres carrés de cette sorte de terrain nous ont fourni pendant dix-huit mois un repas par jour pour cent poules.

2° VERMINIÈRE FACTICE. — Il y a un autre moyen non moins simple de se procurer des vers : c'est l'établissement d'une verminière telle que nous allons la décrire. Dans le point le plus chaud de ce coin de erre on creusera plusieurs fossés, qui dans leur ensemble pourront contenir des matériaux capables de donner un repas, tous les jours ou tous les deux jours, à la volaille. On étend dans le fond un lit de paille de seigle hachée ou brisée menu, ayant de 15 à 20 centimètres d'épaisseur; on la recouvre d'une couche de 5 à 8 centimètres de crottin frais de cheval; on étend par-dessus 15 millimètres de terre, et on y répand toutes les matières putrescibles que l'on a sous la main : sang de bœuf, tripailles, animaux morts, débris de boucherie, farines, grains, racines féculentes avariées, pommes de terre germées, avec de la levure de bière ou tout autre ferment; tout cela formera une couche d'environ 9 centimètres. Il faut ensuite la recouvrir d'un peu de la même paille qu'on a mise au fond, d'une nouvelle couche de terre et de quelques fagots qui empêchent les poules d'y gratter.

Les matières déposées dans ces fossés entrent peu à peu en fermentation; le travail intestin y est d'autant plus rapide que l'air est plus chaud et plus humide. Dans l'espace de dix à dix-huit jours, il s'y forme des vers en abondance; ces vers, nommés *asticots*, sont en telle quantité, qu'on n'a qu'à soulever ce qui les couvre pour les prendre à la pelle et les donner à la volaille. Une fosse achevée, on en commence une autre et l'on refait la première, et ainsi de suite. Un kilogramme de ces vers fait la ration pour un repas de cinquante poules.

3° Céréales et herbes. — On divisera la terre libre en huit ou dix portions, suivant sa fertilité et la saison, c'est-à-dire selon que le grain pousse plus ou moins vite. On sèmera tous les jours, en blé, orge, avoine, gros millet, maïs, etc., la portion que l'on aura fait manger; puis on la recouvrira de broussailles, qui ne s'opposent pas à la levée du grain, mais seulement au dégât des poules; le premier semé sera le premier mangé. Avant d'y lâcher la volaille, on enlève les fagots ou la broussaille, et on les place sur le carré qu'on vient d'ensemencer; ainsi, il n'y en a jamais qu'un de découvert.

Par cette opération, on augmente beaucoup la puissance et la quantité nutritive du grain. Par exemple, chaque grain de blé, d'orge, etc., pesant 5 centigrammes, donnera lieu à une jeune tige du poids de 15 à 20 centigrammes. Cette tige, tendre, féculente et sucrée, est un aliment sain et très nourrissant pour la volaille; ainsi, l'éleveur triple son grain. Un décalitre de maïs ou d'orge en fait réellement trois ou quatre. Supposez que les frais de grain, d'ensemencement, d'entretien, d'arrosage, s'élèvent à 4 francs : on économisera toujours au moins deux fois cette somme, de telle manière que si l'on donne pour 6 francs d'orge ensemencée et germée, cette orge profite au triple et économise 12 francs.

On fera bien de semer des pois, de la jarousse et d'autres grains moins coûteux et donnant souvent le quadruple de leur poids en jeunes tiges, très-recherchées de la volaille. On fera même bien, durant l'hiver, de laisser pousser un peu plus la jarousse ou d'autres grains dont la végétation n'est pas toute annulée par la saison rigoureuse; les poules ne s'en trouveront que mieux. Nous avons fort utilement fait recueillir des grains de séneçon, de mouron, etc..., et nous les avons semés dans des carrés avec de la laitue, etc..., pour ne les livrer aux poules que dans leur plus bel état de végétation. Rien ne leur plaisait davantage en hiver.

Voilà donc, par ces trois principaux moyens, le problème de la nourriture à bon marché résolu.

Pour le reste de l'alimentation, nous nous garderons bien de conseiller le son repassé, les grains avariés, les débris de récolte; cette dernière substance doit être laissée aux fermes qui élèvent quelques volailles sans soin. Nous conseillons au contraire du bon grain : l'orge, le maïs, l'avoine, le blé noir ou sarrasin de bonne qualité; nous conseillons le premier son, parce qu'il contient encore un peu de farine : c'est le seul nutritif.

On ne donnera jamais un repas composé d'une seule qualité de nourriture : 15 grammes d'orge ou de blé noir par poule, et 30 grammes de pâtée composée de son pétri avec des orties cuites, de la laitue hachée, etc..., sont un bon repas;

Ou bien une cuillerée d'asticots ou vers de terre, 15 grammes de grains et quelques pincées de laitue hachée;

Ou encore un repas fait de grain levé et autre herbe dans le carré découvert.

En variant ainsi la nourriture, on verra prospérer

les poules, qui, d'ailleurs, trouvent toujours quelque pâture : des vers et des grains dans le fumier, des herbes dans les cours, des insectes, etc..... Trois repas par jour suffisent. On fait la distribution au son d'une cloche ou d'une crécelle, plutôt que de la voix, et chaque fois dans la basse-cour, devant le poulailler. On dépense, en moyenne, chaque jour, 50 centimes par cent poules, c'est-à-dire à peu près 200 fr. par année. On verra dans le chapitre des produits que cette dépense est compensée par les produits et donne un bénéfice qui n'est réel et sensible que pour un nombre assez élevé de poules, à moins qu'on ne préfère un nombre restreint de pondeuses et qu'on ne veuille s'adonner à la production des poulets ou même à l'engrais de la volaille.

Terminons cet article par quelques préceptes fort importants. Il faut donner autant de nourriture herbacée que l'on peut en hiver; parce que, dans la nature, les perdrix et autres granivores se nourrissent principalement d'herbes durant cette saison. La raison physiologique en est que, dans ces temps froids, les forces vitales se concentrent à l'intérieur, la soif diminue avec les sécrétions, et les grains ou les vers en excès échaufferaient trop la volaille. Ce précepte s'applique à tous les oiseaux.

Un autre précepte, c'est de donner aussi beaucoup d'herbes, et des pâtées en été : les pâtées sont composées d'herbes bouillies, ou même crues, mais hachées menu, et de son, pommes de terre, farine de maïs, de blé noir cuites. De telles pâtées, formant un repas pour quinze cents poules, nous revenaient à 60 centimes. On trouvera fréquemment utile de leur donner des laitues entières, qu'elles picotent et mangent avec voracité.

De plus, il faut réserver l'avoine et les vers, comme nourriture habituelle, pour l'automne, afin de prolonger la pondaison, et pour la fin de l'hiver, afin de la rendre plus précoce.

2° NOURRITURE DES COUVEUSES ET DES POUSSINS.

Les couveuses mangent peu, ne font ordinairement que deux repas ; quelquefois un seul, vers le milieu de la matinée ; elles sont très-échauffées et toujours constipées ; la diarrhée ou les fientes faciles sont toujours, chez elles, un indice de mauvaise santé.

On ne leur donne que des graines et de la pâtée, avec quelques vers de terre, mais jamais de vers asticots, qui les échaufferaient davantage, et rarement quelques herbes ; car il faut soutenir leurs forces et savoir que la constipation est, pour les couveuses, l'état normal.

Nous recommandons particulièrement, pour elles, de l'eau bien fraîche et bien pure à l'abreuvoir ; de la poudre composée, comme nous l'avons dit, dans le coin couvert, afin qu'elles se poudrent à leur aise et détruisent à mesure les parasites, qui les inquiètent jusqu'à leur faire abandonner leurs œufs ; enfin, nous recommandons une surveillance active, surtout aux heures de leurs repas, de crainte qu'elles ne changent de panier ou qu'elles se privent d'aliments.

La nourriture des poussins consiste en petites miettes de pain et en œufs durs hachés fort menu. Après quelques jours de cette nourriture sèche, que le poussin humecte en buvant dans une assiette d'eau bien pure, on fait quelque pâtée de blé noir, de pommes de terre, d'autres farines et matières féculentes, où l'on mêle d'abord quelques œufs, pour les supprimer au bout de huit à dix jours. On donne de bonne heure des grains brisés grossièrement : orge, blé noir, maïs, puis quelques asticots, ou plutôt des vers de terre, qu'on leur jette avec la bêche. On peut toujours destiner un coin, contre les murs de leur petite basse-cour, à la reproduction de ces sortes de vers, dont ils deviennent très-friands ; on en tire deux ou trois bêchées de terre par jour, qui suffisent pour les poussins de deux ou trois couvées.

On aura toujours soin, dans le but d'économiser la nourriture un peu plus délicate des poussins, de donner à la poule qui les conduit des pitances plus convenables et moins coûteuses : elles béquètent volontiers une laitue et d'autres herbes, dévorent une ration de pâtée commune et de grains entiers. Les poussins y touchent sans inconvénient et s'habituent peu à peu à la nourriture qui les attend dans les deuxième et troisième divisions.

3° NOURRITURE DES POULETS DES 2e ET 3e DIVISIONS.

On combine pour la deuxième division la nourriture plus délicate des poussins avec une alimentation plus grossière qui occupe l'estomac.

C'est ici le lieu de faire observer que l'estomac des gallinacés, comme celui de tous les oiseaux granivores, est un muscle creux, épais, d'une grande puissance de contraction; la membrane qui le tapisse à l'intérieur finit, dans le progrès de l'âge, par devenir cartilagineuse, osseuse même sur quelques points, ce qui permet à l'estomac, en resserrant ses parois, de broyer des corps durs, non-seulement les grains, mais des ossements de petits animaux, des coquilles de noisettes, etc. C'est pour faciliter le broiement des grains que les poules et les autres oiseaux avalent une multitude de petites pierres, du gravier rond, dont la résistance aide l'estomac à broyer les matières alimentaires qu'il contient.

Il faut, sous peine de voir dépérir la volaille, non-seulement mettre à leur portée le gravier et les petits cailloux nécessaires à leur digestion, mais encore introduire dans le système de leur alimentation des substances nutritives dures, que l'estomac *travaille;* car l'estomac est doué d'une somme d'énergie vitale qu'il doit dépenser si l'on ne veut pas voir souffrir la nutrition. On tiendra donc compte de ces données dans l'éducation des poulets aussi bien que dans celle des poules, parce que toutes les précautions réunies sont principalement nécessaires à l'âge où s'opère la mue. Cet état critique, pendant lequel les poulets changent leur duvet contre les plumes fixes, est dangereux et fatal à un grand nombre.

Dans la troisième division, il n'est pas mauvais de faire pâtir un peu les poulets, de restreindre leurs rations, de leur donner des pitances moins succulentes et moins coûteuses. On s'en trouvera bien pour les poulets non chaponnés que l'on veut porter au marché, car on n'aura qu'à les nourrir un peu mieux une semaine auparavant, pour leur donner tout l'embonpoint désirable. Dans tous les cas, ils prendront chair plus vite et plus facilement.

En supposant qu'on vende la moitié des poulets à l'âge de cinq mois, cette moitié paiera la dépense de l'autre moitié que l'on garde pour la production. Ainsi, 200 poulets, depuis l'éclosion jusqu'à cet âge, dépenseront en moyenne, durant les 150 jours, tout au plus 45 centimes par jour dans l'ensemble, soit 70 fr.; et l'on vendra cent poulets 150 fr., et au minimum 120 fr. Nous affirmons que par les moyens indiqués plus haut : vers de terre, asticots, grains germés, on n'arrivera pas même à dépenser 45 centimes par jour. Qu'on n'appréhende pas les frais de surveillance et les menus soins; la réussite ici est toute dans le détail. Une ou deux personnes, suivant lenombre des volailles, et surtout la vigilance et l'œil du maître, conduisent à des résultats qui compensent surabondamment ces frais, jugés au premier abord les moins utiles, et qui sont en réalité les plus importants.

4° NOURRITURE DES CHAPONS ET DES POULARDES.

Il s'agit dans cet article de la volaille que l'on veut engraisser. Pour cela deux choses sont nécessaires : une forte nourriture et le repos. Nous supposons les poulets chaponnés et les poules jeunes encore et n'ayant point pondu.

Plus on donnera de calme, de repos et d'obscurité à ces animaux, moins il faudra de temps et de nourriture pour les engraisser. L'intérêt de l'éleveur consiste à combiner ces deux choses dans de justes proportions. L'expérience dit hautement que les chapons qui vont et qui viennent librement, mettent trois fois plus de temps à s'engraisser, mangent beaucoup plus, et ne sont jamais aussi gras que les chapons renfermés.

Le système de cages destinées à la volaille à l'engrais, n'a rien de déterminé. La cage consiste en général en une série d'étagères en barreaux, avec des séparations très-étroites, ayant le devant assez ouvert pour que l'oiseau puisse avancer la tête et puiser dans deux ou trois godets où se trouvent la nourriture et la boisson. Du reste, pas de lumière, mais obscurité presque totale. La nourriture consiste en très-peu ou point d'avoine, en vers de terre et en quelques grains, surtout le maïs, et en beaucoup de farineux : farines de blé noir, de maïs et pommes de terre. Les graines huileuses, comme la noix, la noisette, la faîne, sont très-avantageuses, quand le prix de revient est convenable; celui des faînes surtout est réduit au prix de cueillette en plusieurs contrées.

Nulle ration n'est indiquée en cas d'engrais; l'animal mange à discrétion, mais on a soin de donner peu d'excitants; ils activent le mouvement nutritif, et plus encore celui d'élimination des éléments organiques, ce qui retarde d'autant le but qu'on se propose. Nous renvoyons, pour plus de détails sur l'engraissement, aux chapitres de l'oie et du canard.

C'est encore pour nous une question de savoir si l'éleveur retire un bénéfice suffisant de l'engraissement des poules. Nous ne pensons pas que toutes les localités soient propices à cette industrie en grand. Ceux qui étudieront de près ce sujet seront, nous le craignons bien, du même avis que nous. Il peut en être autrement si l'on se borne à engraisser les chapons qu'on a élevés sans augmenter le matériel de la basse-cour, ni les frais de main-d'œuvre. C'est le cas que nous supposons pour nos lecteurs.

CHAPITRE VI.

DES MALADIES. — DE L'HYGIÈNE.

Une expérience étendue et réfléchie nous a prouvé que la volaille, soignée d'après les conseils que nous venons d'exposer dans les cinq chapitres précédents, n'est jamais malade.

Les causes des maladies sont : 1° l'eau croupissante des mares et des fumiers; 2° l'excès de grains à l'époque des récoltes, surtout quand les poules paissent librement dans les champs nouvellement moissonnés ; 3° la chaleur excessive avec une nourriture trop herbacée ou froide ; 4° le grand froid joint à l'humidité ; 5° un poulailler et des basses-cours où l'eau se répand sur le sol et tient sans cesse mouillées les pattes de la volaille ; 6° la malpropreté qui engendre la vermine, perturbe les fonctions de la peau, empoisonne lentement pendant la nuit, des organisations aussi fragiles, au sein d'un air chargé de miasmes.

Ces six causes de maladie sont combattues par les moyens que nous avons conseillés. En général, dès qu'une maladie, même épidémique, éclate dans une basse-cour, on doit modifier le régime, tout approprier, et même changer la volaille de place. Ceux qui, dans quelques petits écrits, ont voulu citer quelques noms de maladie des poules, ont suivi une routine qui n'est pas dans nos habitudes. Ce sont des lieux communs inutiles. Un remède, un moyen curatif ne doit jamais être mis en usage sans savoir à quel mal on a affaire. Or, les maladies des poules sont et restent indéterminées dans leurs formes et dans leur nature : donc, on ne doit pas leur appliquer un moyen déterminé. La pépie elle-même, cette maladie séculaire, connue des Romains et des Grecs, qui ont écrit sur les basses-cours, la pépie est une maladie dont la nature nous échappe. De tout temps on a voulu lui attribuer pour cause la privation de l'eau et l'usage de l'eau de fumier. Son principal symptôme, la maigreur toujours croissante, est uni à un autre : le dessèchement de l'extrémité de la langue ; elle se durcit et devient comme un corps étranger qu'il est inutile d'arracher, car ce symptôme ne constitue pas la maladie, puisque les poules meurent également, si l'on ne change pas leur régime. Sous les noms d'appoplexie et de convulsions, on ne donne pas des maladies définies ni connues dans leur nature ; tirez du sang ou n'en tirez pas, les poules mourront également. Milles faits le prouvent.

On se fait volontiers illusion sur ces choses : on nomme une maladie, on cite un moyen de la guérir, et on se le communique avec confiance, on le transmet aveuglément ; les auteurs eux-mêmes se copient, et on les croit sur la parole première, donnée souvent avec autant de légèreté que d'ignorance. Nous aimons mieux ne nommer aucune maladie, n'indiquer aucun moyen curatif, et nous contenter, au contraire, de mettre nos lecteurs en garde contre ceux proposés. Ils ne doivent se fier qu'à la bonne et hygiénique organisation de leur basse-cour. Ceci soit dit pour toutes les autres espèces d'oiseaux.

Mais nous leur donnerons des moyens faciles de fortifier la constitution des poules et de les rendre moins accessibles aux effets accidentels des causes de maladie. Indépendamment du régime et de la nourriture, réglés comme nous l'avons fait, on mettra dans l'abreuvoir des poussins, durant le premier mois, une once de soufre en canon, cassé par petits morceaux. On lavera ces morceaux chaque fois que l'on changera l'eau, c'est-à-dire tous les jours, et deux fois le jour. On laissera ensuite écouler deux ou trois semaines sans rien mettre dans leur abreuvoir, puis on y mettra une autre substance, une once de mine de cobaltz, appelé vulgairement mort aux mouches; on ne le mettra pas en poudre, mais en petits morceaux, comme le soufre, et on en agira comme pour cette matière. On se contentera de mettre ces morceaux de mine de cobaltz dans l'eau de l'abreuvoir, deux jours chaque semaine.

Ces moyens entraient sans doute pour quelque chose dans la santé inaltérable des poules de nos basses-cours : ils ne sont pas coûteux, et il suffit de renouveler ces substances une fois par an, parce que, dans le cours de l'année, on se contente de les casser de temps à autre. Ces moyens seraient-ils inutiles, nous ne voyons pas pourquoi on les rejetterait.

Une excellente précaution consiste à surveiller les

poules en deux choses principalement : les plumes et les fientes. Les plumes deviennent-elles ternes, dépolies, hérissées même, les poules souffrent, le plus souvent alors de froid, d'humidité ou de défaut de nourriture; il faut la rendre plus substantielle et veiller à la pureté de l'eau. Les fientes sont-elles molles, liquides, mal digérées, il faut donner un peu d'avoine ou de chanvre; si elles sont trop dures et sèches, on leur donne un peu plus d'herbes et de pâtée; enfin, dans toutes les circonstances où l'on voit dépérir la santé de la volaille, il est nécessaire d'apporter une modification dans son régime et dans sa manière d'être.

Nous ne devons pas omettre de conseiller l'enlèvement du fumier, des fientes de dessous le juchoir, plusieurs fois par semaine. On les dépose dans de vieux tonneaux ou dans de grandes fosses, d'où on les extrait pour les vendre ou les utiliser. Remarquons que ce fumier rend à raison de 1 fr. par tête tous les ans.

CHAPITRE VII.

DES PRODUITS.

Maintenant, il n'est pas difficile d'établir une balance entre les dépenses et les produits. Cette balance le sera d'après les résultats de plusieurs années, sur des basses-cours de 1,500, de 600 et de 350 poules.

Il est bien entendu qu'en utilisant les cours, les bâtisses, etc., déjà existantes, on peut réduire de beaucoup les frais d'installation. Nous ne prétendons pas qu'on bâtisse des châteaux pour des poules : des bois, du pisé, des briques sur champ, encadrés entre des traverses de bois, constitueront des murs suffisants; des séparations en planches, en lattes; des murs en pierre sèche, crépis, des haies en piquets, en roseaux, en grillages : voilà des poulaillers, des basses-cours bon marché et absolument convenables. Du reste, on procède peu à peu : on fait des élèves; avec leurs produits d'un ou deux ans, l'on ajoute une basse-cour à la première, puis une troisième pour la ponte, le tout sur un plan déterminé, avec la latitude d'augmenter l'exploitation au besoin.

Une poule bien tenue pond au moins 90 œufs par an; pour 500 poules, nous aurons, à raison de 7 douzaines d'œufs par poule, 3,500 douzaines d'œufs, qui, au prix de 50 centimes la douzaine, donneront 1,750 fr.; plus 250 fr. de fumier dans l'année, en y comprenant celui des poulets; en tout 2,000 fr.

Il faut prélever sur cette somme le tiers de l'entretien d'une personne active et soigneuse (1); ce qui, à raison de 600 fr. de gages, nous donne 200 fr. à

(1) Cette personne soignant lapins, poules et poulets, ou poules, poulets et pigeons, chacune de ces divisions supporte, dans notre calcul, le tiers de ses gages. Il faudrait une personne pour les poules seules si, au lieu de cinq cents, il y en avait quinze cents. Le résultat serait le même, le produit étant proportionnel aux dépenses.

ajouter aux dépenses; plus 50 centimes par 100 poules et par jour, de nourriture, ce qui fait 1,000 fr., comprenant tout ce qui concerne l'alimentation et les travaux qui y ont trait : c'est donc 1,200 fr. de dépenses. Le produit de 2,000 fr. est donc réduit à 800 fr.

Les poulets, depuis l'éclosion jusqu'à l'âge de six mois, mangent 40 centimes par cent et par jour; 500 poulets dépenseront : 1° pour l'entretien, 200 fr. par six mois, ou 400 fr. par an; 2° 200 fr. pour les gages de la personne qui les soigne avec les poules, ce qui fait 600 fr. Mais mille poulets, cinq cents pour chaque semestre, vendus seulement 1 fr. la pièce, y compris chapons et poulardes, donnent 1,000 fr., dont il ne restera que 400 fr. de bénéfice net; laquelle somme, unie aux 800 fr. produits par les poules de la grande basse-cour, constitue un revenu net de 1,200 fr., qu'on peut réduire à 1,100, en prélevant l'intérêt du capital employé à l'organisation.

Nous savons bien que l'on a publié à ce sujet des résultats supérieurs à ceux-ci; mais nous avons abaissé de beaucoup les produits en œufs, fumier, chapons...; car nous voulons rester au-dessous du bénéfice réel, plutôt que d'en annoncer un difficile à obtenir : de même qu'en nous livrant à ces sortes d'exploitations, nous ne cherchions pas à nous faire illusion, de même nous préférons que nos lecteurs soient, eux aussi, dépassés dans leurs espérances.

Voici cependant un relevé fait par nous en 1839. Nous avions, cette année-là, dans un établissement fort avancé en agriculture, une belle basse-cour; une portion était spécialement destinée à vingt-huit poules et à trois coqs, pour les élèves. Ces trente et une têtes nous ont dépensé, dans l'année, la somme de 105 fr. en grains, farines, herbage, vers de terre et asticots.

D'autre part, nous avons retiré 60 fr. de fumier et 2,715 œufs, ainsi répartis chaque mois :

74 en janvier.
121 en février.
372 en mars.
467 en avril.
458 en mai.
451 en juin.
342 en juillet.
225 en août.
139 en septembre.
33 en octobre.
15 en novembre.
8 en décembre.

2,715 Œufs ou 226 douzaines, à raison de 50 centimes la douzaine, soit 113 fr., plus 60 fr. de fumier, en tout 173 fr., c'est-à-dire seulement 68 fr. de bénéfice. Mais nous faisons observer que cette petite cohorte était fort bien soignée; tandis que, dans le même temps et la même année, 634 poules ayant des soins ordinaires, et nourries au trois quarts avec des graines ensemencées et germées, ont produit 3,907 douzaines d'œufs, c'est-à-dire 1,953 fr. Leur nourriture avait à peine coûté 900 fr.

Ainsi une basse-cour de 500 poules, comprenant les divisions des pondeuses, des couveuses, des poulets, etc., et ayant un débit de 1,000 poulets par an, donne un bénéfice annuel de 1,000 fr. Bénéfice modeste, mais du moins net et réel. On peut, du reste, l'augmenter, en soignant exactement les fumiers et en tirant parti des plumes. Les coqs, chapons, poulardes et les poules de remplacement peuvent être plumés deux fois l'an, et donner un certain profit.

Quelques lecteurs demanderont pourquoi nous n'avons pas parlé de l'incubation artificielle. Nous n'aurions pas mieux demandé que de la pratiquer; mais nous devons avouer que nous n'en avons pas été satisfait, bien que nous nous soyons servi des divers moyens proposés. N'ayant donc, peut-être par notre faute, rien de bon à en dire, nous n'avons rien de mieux à faire que de n'en pas parler.

DEUXIÈME PARTIE.

CHAPITRE Ier.

DES DINDONS.

1° GÉNÉRALITÉS. — CHOIX DES SUJETS.

Il est inutile de faire la description de cet oiseau que tout le monde connaît. Mais il peut être à propos de prémunir ceux qui n'ont pas l'habitude des basses-cours, contre les taquineries du dindon et ses cruautés envers les autres volailles. Il est impossible de ne pas éprouver des dégâts de sa part, si on le laisse dans la basse-cour commune.

Il y a deux manières de s'occuper de l'élève du dindon : 1° les propager, les multiplier; 2° les engraisser ou les garder jusqu'à la vente pour la consommation. Dans les deux cas, il faut avoir un local spécial. Quoi qu'il en soit, on n'a guère de profit dans l'éducation du dindon qu'en s'y livrant sur une assez vaste échelle. Il faut que le grand nombre des sujets donne un bénéfice net sur les frais, soit du local qui leur est assigné, soit des soins donnés aux dindonneaux et de leur nourriture, soit du dindonnier ou de la personne qui les mène aux champs. Néanmoins, les personnes qui achèteraient des dindonneaux ou des dindons maigres, dans le but de leur faire consommer des débris de récoltes de fruits, de grains, etc..., pour les engraisser, ces personnes y trouveraient un profit d'autant plus grand que ces débris auraient, par eux-mêmes, moins de valeur.

Elevé en grand nombre, cet oiseau peut donner de grands bénéfices; c'est ainsi que nous avons vu 320 dindons procurer 800 fr. de profit net. Mais cette éducation a, comme celle des vers à soie, ses déceptions; elle ne réussit pas toujours. Il faut, pour la réussite, le concours de trois circonstances : 1° une incubation heureuse ; 2° un temps favorable au déloppement des dindonneaux ; 3° un climat convenable. Nous parlerons de l'incubation plus loin, ainsi que des circonstances favorables à la bonne venue des dindonneaux. Quant au climat, on doit savoir que le nord et le midi de la France sont moins favorables que le centre. Le dindon ne réussit pas en Algérie, non pas seulement à cause des chaleurs de l'été, mais plus encore à cause de l'humidité qui y règne à la fin de l'hiver et au commencement du printemps. Les pays situés au nord de la France et au delà sont d'autant moins propices à l'éducation de ces oiseaux, qu'ils sont plus humides et plus froids.

Les chroniques nous représentent le premier dindon mangé en France, sur la table de Charles IX, le jour de ses noces. Il fait aujourd'hui l'ornement des tables dans certaines fêtes de famille ; et suivant qu'il est maigre ou gras, il coûte de 3 à 8 fr., et même davantage.

Par une exception singulière dans l'espèce de volaille qui nous occupe, les sujets sauvages sont plus gros que les sujets domestiques. Il en existe de noirs, de gris et de blanchâtres. Le noir paraît le plus commun, ainsi qu'une variété de couleur cendrée.

En général on doit choisir pour la production des sujets de deux à trois ans ; plus jeunes, ils n'ont pas la même fécondité ; plus vieux, il n'est plus possible de s'en débarrasser, soit parce qu'ils ne prennent plus graisse, soit parce que leur chair est trop coriace.

On doit choisir le dindon plus haut sur jambes que la dinde. Celle-ci doit avoir la poitrine large, le corps gros et le croupion arrondi. Le mâle de bon aloi est vif, turbulent, fier sans en être moins dindon. Un mâle suffit pour six femelles. Notre expérience ne nous permet pas d'en conseiller plus ni moins. Nous sommes convaincus que le grand nombre d'œufs clairs qui déconcertent les calculs des éleveurs, vient de ce que l'on donne trop de dindes à un mâle.

Ce que l'on cherche dans la dinde, ce n'est pas tant la production des œufs que celle de la chair. Aussi les corps les plus arrondis, les mieux disposés à engraisser sont-ils les plus utiles. C'est de l'Orléanais que proviennent les meilleurs sujets ; les éleveurs devraient tirer de là les œufs pour l'incubation, ou les dindes pondeuses.

Cet oiseau est le plus dépourvu d'instinct en apparence et en réalité; cependant on ne trompe pas facilement celui de la couveuse, et il faut user de stratagème pour qu'elle ne s'aperçoive pas des substitutions d'œufs ou de dindonneaux qu'on opère dans son nid ou dans sa couvée.

Les vieux dindons se reconnaissent aisément aux pattes, qui deviennent rouges depuis la deuxième année, et ensuite écailleuses. On est, de ce côté, à l'abri de la fraude.

2° PONTE ET INCUBATION.

La dinde ne fait, à proprement parler, qu'une ponte. Elle a lieu dès la fin de février ou en mars; elle consiste en un œuf tous les deux jours, sans discontinuation, jusqu'au nombre de quinze ou vingt. Mais si on l'a empêchée de couver au printemps, elle fait une deuxième ponte dans le mois d'août. Les œufs en sont le plus souvent clairs, c'est-à-dire inféconds. Quelques personnes les font couver en les choisissant plus ou moins bien, et la réussite, cette fois, est beaucoup plus chanceuse. Ne le serait-elle pas, les dindonneaux périraient ordinairement dès les premières pluies d'automne.

Il y a des précautions à prendre pour recueillir chaque jour les œufs pondus ; car les dindes, comme les paons et les pintades, les cachent volontiers, les cachent toujours quand elles le peuvent. On les en empêche donc en les retenant dans le lieu où elles ont passé la nuit, jusqu'à ce qu'elles aient pondu. On leur rend ce lieu agréable jusqu'à le leur voir choisir pour y déposer leurs œufs, si on dispose sur le sol des arbustes, des broussailles, par touffes entremêlées de recoins garnis de paille. Nous décrirons cette organisation d'un appartement pour la ponte, en parlant des canards, auxquels il est beaucoup plus nécessaire, puisque les canards s'élèvent de plus pour les œufs, comme les poules.

A mesure qu'on recueille les œufs des dindes, on leur fait au crayon une marque circulaire et on leur imprime la date du mois. La marque en rond sera utile quand les œufs seront confiés à une couveuse : car, sans y toucher, on pourra toujours voir cette marque et distinguer les œufs que la dinde aurait pu pondre ensuite et ajouter ainsi, durant les premiers jours de l'incubation, aux œufs qu'on lui aurait déjà donnés. On comprend que ces œufs, ce qui arrive quelquefois, doivent être enlevés, parce que, ne pouvant éclore en même temps que les autres, ils seraient à peu près perdus. Toutes ces données s'appliquent à tous les autres oiseaux élevés en basse-cour ou en volière.

Observons encore que l'on ne peut guère mettre un œuf en plâtre ou en marbre dans le nid où la dinde va pondre, et d'où l'on retire les siens à mesure qu'elle les fait ; il vaut mieux lui laisser toujours le dernier pondu, en le marquant ; de cette manière, on ne s'expose point à lui voir abandonner le nid pour aller pondre ailleurs.

Les poules dindes, vers la fin de leur ponte, se mettent à glousser, à peu près comme les poules ordinaires, et perdent les plumes du ventre, qui devient plus chaud ; elles recherchent la solitude, restent volontiers sur les œufs et enfin elles y passent tout leur temps. Mais on admire en elles l'aveuglement de l'instinct, qui les fait rester sur le nid où elles ont pondu, alors même qu'on ne leur a jamais laissé qu'un œuf.

On réunit jusqu'à vingt œufs sous une couveuse ; on note le jour et l'on n'y touche plus. La dinde les tourne comme il faut et quand il faut. Ils éclosent du trentième au trente-deuxième jour, suivant la chaleur du lieu et celle de la couveuse. Pendant tout ce temps, elle a besoin d'être surveillée, car elle est si attachée à ses œufs qu'il lui arrive de s'abstenir entièrement de manger et qu'elle tombe dans un épuisement fatal. Pour éviter cet accident, on la prend sur son nid, une fois par jour, on la pose à terre et on lui donne à manger à peu près ce qu'on donne aux poules ordinaires couveuses. On choisit ce moment pour enlever les ordures qui pourraient salir les œufs.

Il faut avoir soin que deux couveuses ne soient

pas trop voisines, car il leur arriverait souvent de se battre en se remettant sur leur nid, ou de se voler leurs œufs. Il convient aussi d'examiner les œufs couvés au bout de huit à neuf jours : on rejette ceux qui sont clairs et on égalise, ou l'on change les couvées ; enfin, on éloigne le mâle des couveuses, car il les maltraiterait.

Nous remarquons que les œufs de dinde ne sont pas, comparativement, aussi gros que ceux de la poule. Beaucoup plus grosse qu'elle, la dinde fait des œufs, dont douze pèsent autant que quatorze de la poule espagnole et vingt de la poule commune.

La dinde ne couve pas seulement après sa ponte, mais à peu près en toute saison et chaque fois qu'on lui présente des œufs. Nous avons pu obtenir cent vingt-cinq poussins de poules communes en deux mois en faisant couver leurs œufs à quatre dindes, qui couvèrent deux fois de suite. On peut en tirer un grand avantage sous ce rapport, à condition de ne pas leur laisser conduire ces poussins ; car elles les écrasent facilement en marchant sur eux, ce qui est un accident de tous les instants. Toutefois, on peut réunir sous une dinde soixante à quatre-vingts poulets ordinaires, qu'on soustrait, après quinze jours d'âge, à leur couveuse. L'éleveur y trouve son intérêt ; car la dinde ne pond pas dans le courant de l'année, tandis que les poules, dont on leur donne les poussins à conduire, se remettent à pondre peu de jours après. Dans cette opération, on n'a d'autre précaution à prendre à l'égard de la dinde, si on ne la fait pas couver auparavant, que de la mettre pendant deux ou trois jours sur des œufs mauvais, puis, par une nuit sombre, de leur substituer la cohorte de poussins que, dès le lendemain, elle conduira parfaitement.

3° ÉCLOSION. — DINDONNEAUX.

L'éclosion, avons-nous dit, a lieu du trentième au trente-deuxième jour de l'incubation ; dans les meilleures conditions de chaleur et de couveuse, trente jours suffisent. L'éclosion des dindonneaux est plus simultanée que celle des poussins de poule ordinaire ; elle a lieu, pour tous les œufs d'une même couvée, en dix ou quinze heures.

Le dindonneau vient au jour armé d'un petit tubercule sur le bec ; il s'en sert pour briser la coquille de l'œuf. Ce tubercule ne tarde pas à se dessécher, à se raccourcir et à tomber. On ne doit point provoquer sa chute, comme quelques maladroits le conseillent ; la nature se charge seule d'ôter cet appendice devenu inutile. Nous recommandons également de ne point aider le dindonneau à briser sa coquille. Nul de ceux au secours desquels nous avions cru devoir venir n'a échappé à la mort. Sans doute que, trop faibles, ils n'étaient pas viables. Tant vaut-il qu'ils meurent dans la coquille.

Une fois débarrassés de leurs coquilles, les dindonneaux ont besoin de douze à quinze heures de repos. Leur corps se *ressuie* sous le ventre de la couveuse. La chaleur est leur première nourriture. On perd tous ceux qu'on veut faire manger trop tôt et ceux surtout qui, en sortant de l'œuf, sont de suite jetés au sein d'une température beaucoup moins élevée que celle de l'œuf couvé.

C'est pour ses premiers repas que le dindonneau fait acte pour la première fois de la stupidité de sa race. Il faut lui donner la becquée, lui ouvrir le bec, lui apprendre ce que la nature semble ne pas lui indiquer, et le faire les deux ou trois premiers jours.

Le dindonneau craint le froid et surtout le froid humide; autant il s'en mouille avant la mue, autant il en périt. On doit même ne point laisser à terre, près d'eux, les plats où est l'eau pour les abreuver, de crainte qu'ils s'y mouillent.

Dès qu'ils ont reçu leur premier repas, on les laisse sous la couveuse et dans un appartement clos, dont on puisse facilement renouveler l'air et où il y ait toujours environ 10 degrés de chaleur. Le plus sûr est d'y entretenir du feu ou de le faire traverser par un calorifère quelconque. A défaut de mieux, on peut couvrir le sol d'un à deux pieds de bon fumier de cheval, et leur en faire un plancher toujours chaud. On le rend convenable en égalisant bien la couche de fumier et en répandant par-dessus un ou deux pouces de sable. Ce local doit les tenir renfermés jusqu'après la mue, c'est-à-dire au moins deux mois. Il faut que le temps soit très-beau et qu'il fasse soleil pour les laisser sortir quelques heures tout au plus.

En général, l'inquiétude, le piaulement sont les signes auxquels on reconnaît que les dindonneaux ont besoin de manger. On leur donne à manger à des heures parfaitement réglées, et au moins huit fois par jour, du matin au soir.

Leur nourriture est très-particulière ; on en perdrait beaucoup moins si elle était choisie conformément à leurs besoins, aux besoins de leur organisation. Il ne serait pas nécessaire de leur faire avaler le fameux grain de poivre, de leur faire ces bouillies d'orties composées et ces boulettes de toutes sortes, si on leur donnait des vers et des insectes autant que d'herbe et de farine ou de grain. Le dindonneau est essentiellement insectivore : œufs de fourmi, asticots, vers de terre, hannetons, araignées, scorpions, limaçons, mouches, toute espèce d'insectes lui est bonne, pourvu qu'on les pince pour les faire mourir avant de les lui faire avaler. Nous nous souviendrons toujours que sur une couvée de quatorze dindonneaux, en Afrique, nous n'en sauvâmes que quatre, auxquels nous n'avions fait donner que des insectes réputés venimeux, en y mêlant toutefois quelques débris de grenouilles, quelques grains et de l'herbe. A cette époque les travaux de défrichement faisaient trouver beaucoup d'insectes, entre autres des scorpions fort gros, qui ont leur repaire dans les tiges de palmier nain ; ces scorpions étaient coupés en deux ou trois morceaux, et faisaient les délices des dindons.

L'homme, dans ses rapports avec les animaux qu'il élève, oublie trop que chaque espèce a sa destination et les moyens de la remplir; que parmi eux il en est qui sont destinés à nettoyer et à purifier la terre, comme dit Buffon.

Les lapins de nos garennes sont fort bien traités avec les reliquats de jardins, de greniers à foin, avec les ronces des champs.

Les poules se contentent des débris et des résidus de grains, de cuisine, etc... Les poules, les dindes purgent les champs des insectes, comme l'hirondelle en purge les airs.

Divers animaux aquatiques purifient les eaux de mille vers qui les corrompraient.

Nous ne citons ces exemples que pour faire voir que c'est nous tromper que de juger des goûts et des besoins des animaux qui nous sont soumis, par les nôtres.

Un chien préférera toujours un os gras, corrompu, à un morceau de sucre;

Un corbeau choisira un corps mort et en putréfaction, et laissera de la viande fraîche;

Une poule se trouvera mieux d'un ver de fumier que d'une salade.

Tout est relatif. Il ne faut donc pas s'étonner que le dindonneau aime les insectes, les chrysalides des vers à soie qui restent quand les cocons ont été filés, les lézards, les serpents, les scorpions. Non-seulement il les aime, mais cet aliment est seul apte à lui donner la force et le stimulant qui lui est nécessaire, et le poivre, l'oignon, le café, le vin, ne peuvent entièrement le remplacer.

Jeunes encore, les dindes se poudrent en se vautrant dans la poussière : on ne doit pas oublier d'en mettre quelques tas dans le lieu où on les tient.

Le dindonneau pousse le rouge à deux mois ou peu avant, s'il a été bien mené. Cette crise est retardée même d'un mois dans le cas contraire, et c'est au détriment de l'éleveur; d'abord, parce qu'il perd plusieurs semaines de soins et de nourriture; ensuite, parce que ses élèves sont plus faibles et qu'il en meurt davantage. Cette époque est très-critique; c'est la mue, c'est le moment où les caroncules rouges se développent au cou et à la tête. Les dindonneaux perdent l'appétit et demeurent plusieurs jours languissants; il faut en cette occasion les tenir plus chaudement, et c'est la meilleure précaution qu'on puisse prendre.

A dater de cette époque, on commence à distinguer les mâles des femelles. Comme chez tous les autres oiseaux, celle-ci est dépourvue de la plupart des couleurs et des agréments du mâle; elle est aussi un peu plus petite que lui.

4° NOURRITURE ET SOINS DIVERS.

La grande crise est passée ; les dindonneaux sont désormais robustes et leur vie est à peu près assurée, moyennant les soins ordinaires à toute volaille. On commence à les mener aux champs, régulièrement deux fois par jour, à peu près aux mêmes heures que les moutons, car il convient d'éviter la rosée et l'humidité. On ne les fait sortir qu'après le lever du soleil, pour les faire rentrer avant midi et les ramener aux champs bientôt après, jusqu'avant le coucher du soleil. Si ces animaux craignent le froid, l'humidité et l'eau, ils craignent aussi les ardeurs du soleil d'été, et c'est ce dont il faut les préserver avec soin.

Les dindons préfèrent les terres à arbustes et tous les lieux où ils trouvent des insectes ; tout ce qui vit dans les champs leur est excellent : lézards, grenouilles, limaçons, scarabées, vers, sauterelles, etc... On les mène utilement sur les terres fraîchement labourées, à la suite de la charrue, où ils trouvent souvent beaucoup de vers. Ils se nourrissent assez volontiers de mûres, de glands, de faînes, etc., de baies de sureau, de troëne et autres arbrisseaux ; on en abat les fruits en battant ces arbres et arbustes avec une perche, une baguette. Ils vivent aussi d'herbes, à peu près comme les oies, dans les prairies, sur les bords des chemins, etc... Celui ou celle qui les garde, le dindonnier, doit être jeune, alerte et avoir de bonnes jambes; il lui faut aussi beaucoup de vigilance, tant pour la sécurité de son troupeau que pour choisir les meilleurs endroits, suivant les occasions; par exemple, une vigne vendangée, pour profiter des grappes de raisin délaissées.

La plupart des plantes et graines des légumineuses ne leur sont pas agréables. Ils mangent les racines, et les fruits, les salades, les choux, les betteraves, etc... On n'a qu'à les leur couper ou à les réduire en bouillie après les avoir fait cuire, s'ils sont durs. Ils est utile de les éloigner des lieux où croissent des herbes nuisibles : jusquiame, belladone, digitale, ciguë, aconit, etc....

Le dindon n'occasionne aucun dommage dans les prairies où on le mène paître : car son bec, plus pointu que celui de l'oie, n'arrache pas le cœur des plantes, et il ne fait que pincer des feuilles çà et là. Aussi le mène-t-on paître dans les trèfles, les sainfoins, les luzernes. D'ailleurs, ses fientes, plus sèches que celles de l'oie, ne font aucun mal aux herbes.

Telle est la voracité du dindon, unie à sa sobriété, que les plus pauvres gens en peuvent élever un certain nombre, sans qu'ils leur coûtent à nourrir, dans des biens communaux et le long des chemins.

La voracité du dindon facilite aussi son engraissement : châtaignes, pommes de terre, topinambours, glands, farines, noix, betteraves ; on les gorge avec tout ce qu'on peut avoir de plus féculent, de sucré et en même temps de meilleur marché. Quinze jours suffisent pour l'engrais des femelles ; il en faut davantage pour les mâles, ce qui ne serait pas si l'on contractait l'habitude de les chaponner. Un dindon, mis à l'abri du froid et de la lumière dans un recoin où il ne puisse trop courir, peut en vingt jours acquérir le double de son poids. Ainsi, de dix dindons venus d'outre-mer à Alger, et achetés par nous au mois de juin, deux furent chaponnés le 28 octobre et mis à l'engrais avec les huit autres le 6 novembre. Les deux qui avaient été chaponnés, ayant été pesés le 8 décembre, donnèrent ensemble 29 kilogrammes, tandis que deux de ceux qui avaient été engraissés sans avoir été préalablement chaponnés ne pesèrent que 22 kilogrammes.

Ordinairement, après quinze jours d'engrais, on prend les dindons après leur repas et on leur pousse dans la gorge des boulettes de pâtée, dont on augmente peu à peu le nombre. Huit jours de ce régime suffisent.

5° DINDONNERIE. — MALADIES.

Quel que soit le nombre de dindes que l'on élève ou que l'on nourrit, il est toujours nécessaire de les tenir en un lieu séparé, et ce lieu doit pouvoir les contenir sans embarras, les mettre à l'abri du froid et du soleil, leur permettre de se jucher la nuit.

Lorsqu'on en a peu, il est facile de leur trouver un juchoir sur un arbre mort, sur une roue posée horizontalement; mais lorsqu'il y en a beaucoup, il vaut mieux placer sur la même ligne des barres assez fortes, espacées d'un demi-mètre. De cette manière, les dindes ne se saliront pas, et, étant sur un même plan, il n'y aura parmi eux nulle guerre, car ils se querellent pour occuper la place la plus élevée d'un juchoir. C'est, du reste, le faible de toutes les volailles et des oiseaux de volière : c'est à qui se juchera le plus haut en délogeant son semblable.

Tout doit être disposé dans la dindonnerie pour l'enlèvement du fumier; on doit y trouver la facilité d'y nourrir et abreuver les dindons aux jours de pluie et de mauvais temps, lorsqu'ils sont retenus forcément chez eux.

Une séparation, formant un recoin bien exposé, sera réservée aux malades; cependant, en soignant les dindons de la manière que nous avons indiquée, on constatera peu de maladies. Notre expérience ne nous permet pas de dire si les substances que nous avons conseillées pour les poules, comme devant les fortifier et les préserver des maladies, seraient aptes à donner les mêmes résultats à l'égard des dindons. Quoi qu'il en soit, les dindonneaux sont-ils languissants, faibles, sans appétit, avec les plumes hérissées? donnez-leur des insectes, changez leur régime et mettez-les en lieu sec et chaud. Quand des pustules surgissent sur leur peau, que le canon des grosses plumes s'emplit de sang, que les pattes s'enflent, que des vésicules naissent sous la langue, sur le croupion, il faut en outre donner de l'eau soufrée comme pour les poules.

CHAPITRE II.

DE L'OIE.

1° GÉNÉRALITÉS.

Nous regrettons beaucoup que le baron de Peers ait dit dans son livre (*la Basse-Cour*, p. 156) et tout récemment : « Nous considérons avant tout l'entretien de la basse-cour comme un agrément, comme une chose nécessaire, indispensable même, mais non comme un objet de spéculation profitable. » Nous le regrettons, parce que nulle époque ne ressent plus vivement le besoin de voir un grand nombre d'éleveurs se livrer à cette spéculation, et que jamais les profits n'en ont été plus certains et plus universellement répandus.

C'est surtout en face des efforts des riches propriétaires de France et d'Angleterre pour l'amélioration des basses-cours, que la parole du noble belge nous paraît légère et peu fondée ; c'est aussi en face des produits que retirent de l'oie les habitants du Languedoc et de l'Alsace.

Le dindon, plus délicat que l'oie, exige un climat

plus tempéré, ne peut pas s'élever partout et ne s'engraisse pas autant. Cependant, son éducation donne des profits réels. Mais l'oie ne craint ni le chaud ni le froid et s'engraisse aussi bien à Strasbourg qu'à Toulouse ; on l'élève avec le même succès dans le nord et dans le midi ; on ne lui connaît pas cette délicatesse de tempérament qui décime d'autres volailles.

Le Languedoc et l'Alsace sont en possession de fournir les pâtés de foie d'oie, si renommés. Pourquoi le Dauphiné, la Provence, la Beauce, etc., ne s'adonneraient-elles pas à cette industrie, qui ferait de Lyon, Valence, Rouen, Marseille, des centres nouveaux de ce commerce? On ne saurait nous objecter le défaut des débouchés, puisque les pâtés de foie d'oie sont demandés à nos provinces de toute l'Europe, et jusque des Etats-Unis.

Le foie gras n'est pas le seul produit qu'on retire de l'oie. Indépendamment de sa chair, qui peut se saler ou se conserver dans sa propre graisse, on en tire encore le duvet, les plumes, la peau garnie de son duvet, connue sous le nom de peau de cygne.

Le duvet de l'oie se tire de dessous les ailes, le cou et le ventre ; on arrache d'abord les plumes, que l'on met à part, puis le duvet. Cette opération peut se faire trois fois l'an : d'abord en mars, la deuxième fois à la fin de juin et la dernière dans le mois d'août. Les oisons, ou, si l'on veut, les oies de l'année, peuvent subir cette opération une fois, en juillet. On doit veiller à la propreté de l'oiseau, lui donner des eaux courantes ou des bassins propres pour s'y nettoyer, ce que l'oie fait volontiers et souvent. Quand l'oie ne mange ni ne dort, elle fait sa toilette, s'approprie et ne semble penser qu'à cela.

Les plumes ont une autre destination que le duvet; elles se vendent moins cher, mais sont plus abondantes. Ces deux substances, recueillies dans un état de propreté convenable, sont exposées à la chaleur d'un four d'où l'on tire le pain. Cette opération dessèche et brûle les animalcules et les germes qui s'y attachent. Quand on plume une oie morte, il est important de ne pas attendre qu'elle soit refroidie.

Les plumes des ailes et de la queue servent à écrire, elles sont beaucoup moins usitées aujourd'hui. On les expose à la vapeur de l'eau bouillante, et on les passe dans la cendre chaude pour les nettoyer et les éclaircir. Le fouet de l'aile, composé de trois plumes fortes, constitue un petit balai fort en usage dans certaines localités.

La peau recouverte de son duvet et enlevée en commençant par une incision sur le dos, donne une belle fourrure. C'est la peau de cygne du commerce.

2° EMPLACEMENT. — CHOIX DES SUJETS.

L'oie n'est pas essentiellement nageur; sa conformation va moins bien à l'eau que celle du canard, et lui donne beaucoup plus d'aptitude pour vivre sur les bords sablonneux des fleuves et dans les prairies.

Il n'est donc pas nécessaire, et l'expérience le démontre, d'avoir des ruisseaux et des étangs pour élever des oies. Cependant il importe d'avoir à leur portée un cours d'eau suffisant, ou bien, dans leur basse-cour, un bassin fort propre. On entretiendra parfaitement cette eau, si l'on veut faire spécialement le commerce du duvet.

Les oies vont bien en basse-cour et vivent en bonne intelligence avec les autres volailles; mais ils exercent quelquefois des cruautés envers elles dans le temps de la ponte et quand la femelle couve ses petits; alors le mâle se montre féroce contre ceux qu'il peut regarder comme des ennemis, à ce point que l'on doit éloigner de lui les petits enfants, qu'il serait capable de maltraiter.

Il faut aux oies un compartiment très-propre et bien aéré, car leur fiente exhale une odeur nuisible à leur santé. On obvie à cet inconvénient en perçant de petites ouvertures au niveau de terre sur toutes les façades. On les grille et on les bouche facilement durant l'hiver.

Le sol doit offrir le long des murs et dans les recoins, des touffes de jonc et de hautes herbes apportées là avec la motte. Les oies viennent volontiers s'y cacher et pondre, et elles ne vont pas ailleurs égarer leurs œufs.

Un de leurs grands défauts, c'est d'être criardes. Le moindre bruit les éveille et leur fait pousser des cris. Il est impossible de parler un peu haut devant elles sans exciter leur vacarme. Elles ont cela de particulier, et qui contraste avec les habitudes des chiens, qu'elles crient chaque fois qu'on leur présente de la nourriture, ou qu'elles la prennent.

Tous ces motifs nous recommandent l'oie comme une gardienne incorruptible et vigilante de la métairie, du jardin, de la maison. Columelle la regardait comme telle; du reste il était Romain, et les oies avaient sauvé Rome par leurs cris, alors que des chiens étaient restés muets. Depuis que ceux-ci ont reçu chez nous les honneurs d'un article dans le budget national, nous prédisons à l'oie un bel avenir. C'est un animal de confiance et un gardien précieux. Il est vrai que la petite espèce est peu attachée au toit hospitalier et qu'elle s'envole quelquefois à la suite des oies sauvages qui passent dans son horizon.

Mais cette désertion n'est point à craindre de la part de la grosse espèce, appelée oie de Toulouse, la seule dont nous conseillons l'éducation. Elle a pris toutes les mœurs d'un oiseau domestique, et s'engraisse vite et parfaitement. Par sa grosseur, elle donne des produits plus abondants, plus beaux, et partant plus de bénéfices. Après huit mois d'âge, il lui vient sous le ventre une pelote de graisse assez grosse pour la gêner dans sa marche. La femelle est blanche ou cendrée et tachetée de brun; le mâle est plus ordinairement blanc. L'un et l'autre sont également gros et peu inférieurs au cygne. Le bec en est rouge et les pattes couleur de chair. Le mâle ou jars, est quelquefois panaché; on le choisit vif, alerte et batailleur.

Un mâle est nécessaire à quatre femelles, quoiqu'on veuille dire qu'il peut suffire pour un plus grand nombre. C'est ici une erreur dans laquelle ne tombent pas les éleveurs expérimentés. Il y a plus, c'est qu'un mâle ne suffirait même pas pour quatre femelles si l'accouplement ne pouvait se faire dans l'eau, chose qu'ils aiment beaucoup. L'eau les soutient, l'accouplement y est toujours bon; il l'est rarement sur terre.

Le mâle soigne la couveuse, protége les petits, se montre d'une extrême sollicitude, sans néanmoins porter la nourriture à la couveuse. Il garde et surveille le lieu que la femelle a choisi pour la ponte. Nous avions perdu une oie qui pondait dans un ravin près de la basse-cour, dans une touffe de ronces. Le mâle se tenait près d'elle durant le jour, il faisait sentinelle : son assiduité nous fit découvrir le nid de l'oie et les œufs qu'elle y avait faits.

3° PONTE. — INCUBATION.

Les oies pondent après les grands froids, et même dès la fin de janvier ; elles préludent à cette fonction en ramassant de la paille et en la portant avec le bec dans les recoins choisis par elles pour l'emplacement de leur nid. Cette ponte est unique et se compose de quinze à vingt œufs si on les laisse dans le nid ; mais si on a le soin de n'y laisser que le dernier œuf pondu, marqué et daté, l'on verra souvent une seule oie pondre pendant six semaines ou deux mois environ un œuf tous les deux jours.

Tandis que la dinde peut couver plusieurs fois, l'oie ne couve qu'une fois. Nous n'avons pu en obtenir une seconde incubation. Comme on ne peut guère leur confier plus de quinze œufs, les autres sont mis sous les dindes. Les poules couvent moins bien des œufs aussi gros.

Pendant que l'oie couve, on lui doit les mêmes soins qu'aux autres volailles; et, comme la dinde, il faut l'ôter une fois le jour de dessus ses œufs pour la faire manger, à moins qu'elle ne s'y porte d'elle-même, ce qu'il convient de surveiller.

Huit ou dix jours après la mise en couvée, les œufs doivent être examinés. On enlève ceux qui sont clairs et transparents. On peut encore les manger, mais ils sont moins bons.

L'incubation dure de vingt-neuf à trente et un jours, suivant la chaleur de la couveuse, la confection du panier, l'humidité ou la sécheresse du lieu, et suivant la température. L'éclosion des œufs d'oie dure souvent deux jours. Les oisons sortent les uns après les autres fort inégalement, d'où il résulte que si l'on ne retirait pas du nid chaque œuf à mesure que le poussin le casse et crie, la couveuse, s'attacherait aux premiers oisons éclos, et abandonnerait les autres. C'est ce qu'on évite en les lui enlevant ainsi les uns après les autres pour les mettre sous la couveuse la plus avancée. En ce cas, on retire à cette couveuse les œufs les plus tardifs, que l'on donne aux autres.

Les oisons sortis de l'œuf doivent être traités comme les dindonneaux. On ne leur donne cependant pas d'orties ; cette herbe ne leur convient qu'à l'âge adulte ; la laitue hachée vaut mieux dans le commencement, indépendamment de l'œuf dur, de la mie de pain, des pommes de terre. On leur donne à manger toutes les deux heures. L'oie ne mange ni insectes, ni aucune espèce de vers; elle diffère en cela de toute autre volaille et du canard avec lequel elle a des rapports intimes pour tout le reste.

On retient les oisons au dedans et à une chaleur peu inférieure à celle de l'œuf pendant cinq à six jours. Ce n'est que peu à peu, à l'aide du soleil, du beau temps et des abris qu'on habitue l'oison à l'air libre. A quinze jours d'âge il peut aller partout. Il est important toutefois qu'il ne se mouille pas ; car, bien qu'il aille à l'eau et qu'il nage, sa santé s'altère quand il est pénétré d'eau et de pluie. On doit le soigner sous ce rapport jusqu'à ce qu'il ait mué, c'est-à-dire jusqu'à l'âge d'environ deux mois, époque où lui viennent les bonnes plumes. Jusque-là aussi la rosée et les brouillards lui donnent la diarrhée. Le soleil ardent peut le tuer en peu d'instants. Ces inconvénients sont faciles à éviter.

4° NOURRITURE. — MALADIES.

Une fois sortis de la mue, époque toujours critique, mais peu dangereuse pour eux, les oisons doivent être nourris de telle manière qu'on ne fasse plus de dépense jusqu'au moment de l'engrais. On les mène aux champs, dans les terrains vagues, sur les bords des chemins, le long des ruisseaux et des talus sans culture, et quand on n'a pas assez d'oies pour faire les frais d'un gardien, on réunit celles de plusieurs particuliers, et on leur donne un seul conducteur. Après tout, un enfant, une petite fille, peuvent très-bien les garder, et à bon compte. Les oies ne sont pas vagabondes et se tiennent fort bien en troupeau.

On évitera de les faire manger dans des jardins qu'elles dévasteraient, ou dans des prairies qu'elles endommageraient, soit par leurs fientes, soit en arrachant les herbes ou en les coupant trop près de la racine. Après les oies, nul animal ne peut paître dans une prairie ; elle est infectée. On les mène donc de préférence dans les terrains que nous avons désignés et dans les prairies fauchées. Un terrain, semé exprès des herbes utiles à ces oiseaux, pourrait, dans quelques circonstances, offrir des avantages réels à l'éleveur. Ces herbes sont les salades de toute espèce, le mélilot, la persicaire, la julienne et toutes les crucifères, les chicorées, la nielle, le coquelicot. On sait que le navet, la betterave et autres racines leur conviennent; on les hache avant de les leur donner.

Il faudrait toujours, avant de les faire rentrer dans leur basse-cour, les présenter plusieurs fois le jour à une eau courante, à un bassin d'eau propre, où elles s'approprient. L'oie use de l'eau, mais n'y prend pas ses ébats comme le canard; elle semble mieux à sa place sur l'herbe tendre. Qui n'a vu un troupeau d'oisons repus, nonchalamment couchés dans une prairie et allongeant le cou tout autour d'eux pour pincer les brins d'herbe qui tentent encore leur gourmandise?

C'est de cette manière que l'on gouverne les oisons, jusqu'à ce qu'on les juge parvenus au point convenable à l'engraissement. Mais tous ceux qui en élèvent ne les poussent pas à ce degré; il en est qui font couver les œufs et vendent les oisons dans le premier âge; d'autres s'en défont après leur croissance. Il en est qui les achètent à l'âge où on les nourrit dans les champs, et ils les revendent au moment de l'engrais; plusieurs ne les achètent que pour les engraisser; quelques-uns les gardent tout le temps de leur éducation; tous gagnent à ce commerce.

Des oisons assez jeunes pour être vendus 2 francs ont coûté 1 franc pour être poussés jusque-là, et peuvent, après leur croissance, être vendus 4 francs, sans avoir dépensé plus de 1 franc à l'éleveur. Ceux que l'on achète 4 ou 5 francs pour les engraisser parviennent au prix de 10 à 12 francs une fois engraissés, et ils ne dépensent pas pour cela plus de 3 francs.

Le commerce des oies occupe plusieurs provinces de France, et, nous le répétons, il serait utile que d'autres encore s'en occupassent. Pline rapporte que les Gaulois de son temps conduisaient des troupeaux d'oies à Rome, où on les engraissait. De nos jours, les oies élevées dans la Loire sont conduites dans l'Eure-et-Loir à l'époque de la coupe des blés, et de là jetés dans Paris. Les départements du Gers, de l'Ariége, de l'Aude, du Lot, du Tarn, de Lot-et-Garonne, de la Haute-Garonne; ceux du Haut et du Bas-Rhin, de la Moselle, s'adonnent à l'engraissement de l'oie et en retirent de grands profits. Il est temps que les autres départements, tout aussi favorables à cette industrie, y trouvent également leur bénéfice.

Les maladies des oies doivent former un bien petit paragraphe pour les éleveurs intelligents. En deux mots, la diarrhée cède à des grains de poivre et à du pain trempé dans du vin ; le tournis, ou vertige, disparaît en mettant une seule goutte de suc de belladone dans leur bouillie ou dans l'eau qu'elles boivent. La propreté et l'eau s'opposent à la vermine; la laitue et les herbes communes les guérissent de la constipation. Enfin, les soins ordinaires apportés à leur demeure, à leur nourriture et à tout ce qui les concerne, les préservent mieux que les remèdes ne les guérissent.

5° ENGRAISSEMENT.

On commence à engraisser les oies et les autres volailles quand leur accroissement est parfait. Dès le mois de septembre on peut y procéder pour plusieurs, et cette opération ne se poursuit pas au delà du mois de novembre.

On met d'abord ces oiseaux en chair par l'augmentation de leur nourriture, et l'on y fait entrer le blé noir, l'avoine et diverses espèces de pois qui poussent à la formation des chairs, de la fibre. D'autres éléments concourent plus efficacement à la formation des os; tels sont les cosses des graines, leurs siliques, les graviers et les matières crayeuses, dont il ne faut pas même priver les oiseaux à l'engrais quand on les a séquestrés. Les graviers surtout servent au broiement et à la digestion des grains; nous l'avons dit en traitant de l'éducation des poules.

Une fois l'oiseau bien en chair, plus pesant et plus fort, quoique encore peu charnu, il est temps de le séquestrer. Dindons, oies, canards, poulardes, la méthode est au fond la même pour tous. On place les oies dans des recoins, dans des caisses étroites, dont le fond laisse facilement échapper les ordures, et on les gorge des substances les plus propres à développer la graisse : le repos, l'obscurité et la propreté qui les exempte des inquiétudes de la vermine, sont de grands auxiliaires. L'engraissement se fait en quinze ou vingt-cinq jours ; en vingt jours, l'oie peut acquérir un embonpoint difforme. La graisse enveloppe tous les tissus; elle se dépose sur divers organes en abondance, et lorsqu'on retire l'oiseau pour l'employer, il ne peut plus se tenir sur ses pattes. Chez l'oie et le canard, la diathèse graisseuse affecte aussi le foie, qui grossit outre mesure. Il est, en cet état, très-recherché par les pâtissiers. Les pâtés et les terrines de foie d'oie et de canards sont un grand objet de commerce.

Les aliments les plus propres à remplir ce but sont les farineux : pommes de terre, farines, eau blanchie pour boisson, mais principalement les graines oléagineuses : faînes, noix, lin et maïs. La graine de lin était employée par les Romains. Ses usages en médecine et dans les arts en font aujourd'hui un article trop coûteux pour en engraisser les oies. On y supplée généralement par le maïs, et beaucoup d'éleveurs y ajoutent une cuillerée d'œillette à chaque repas.

D'abord on en donne six par jour, puis quatre, et vers la fin deux seulement, un matin et soir. On laisse manger l'oiseau tant qu'il peut; puis on le gorge en enfonçant dans son gosier une certaine quantité de ces graines ; on lui donne à boire à volonté. Plus les aliments sont féculents, purs et huileux, plus tôt l'engraissement est achevé ; de sorte que si l'on emploie des substances un peu plus coûteuses, on économise d'autre part sur leur quantité et sur la durée de leur emploi.

L'oie grasse pèse en moyenne 11 kilogrammes, dont demi-kilogramme ou 1 kilogramme pour le foie, qui se vend jusqu'à 7 francs, et 2 à 3 kilogrammes de graisse d'un prix supérieur à la graisse de porc. Le reste de la viande se vend au-dessus du cours de la viande de boucherie. Strasbourg seul fait un commerce de 2 millions de francs de pâtés de foie d'oie. Une pareille industrie créerait pour Lyon, Valence, Rouen, une branche de commerce non moins profitable; le luxe toujours croissant de la table et les besoins des contrées voisines en garantissent le succès. C'est aux gens bien avisés de créer cette industrie dans les départements qui en manquent.

CHAPITRE III.

DU CANARD.

Tout le monde connaît le canard avec son plumage blanc et brun, les barrettes bleues en travers des ailes du mâle et ses deux plumes frisées à la queue. Le canard ordinaire a peu de variétés ; la commune est la moins utile. Le canard de Normandie et celui de Toulouse sont les plus gros et les plus productifs. Le canard blanc est le plus petit et avec raison le moins cultivé.

Le canard a la chair délicate, et il figure plus souvent que l'oie sur les tables splendides. On en améliore cependant encore la chair en le croisant avec le canard musqué ou de Barbarie. Ce croisement ne réussit qu'entre le mâle de Barbarie et la femelle du canard ordinaire. Mais on ne doit pas compter, en pareil cas, sur des bénéfices. Nous regardons ce croisement comme une pure fantaisie de gastronome. Sur 190 œufs de cane ainsi fécondés, 88 seulement furent féconds ; les autres étaient clairs. C'est une opération que nous avons répétée deux fois en deux années, et chaque fois avec un résultat à peu près semblable.

Il y avait là une perte d'œufs et de temps que nous nous efforcions en vain d'amoindrir en surveillant l'accouplement dans un bassin où le couple nageait à l'aise, et nous ne trouvions pas de compensation dans la fécondité des élèves, puisque ce sont des mulets stériles.

Le canard exige l'eau pour prospérer ; c'est, du reste, un oiseau vorace qui mange de tout et sans relâche. Il n'est point délicat, et, dès qu'il a franchi le premier âge, sa vie est à peu près assurée. L'éleveur qui veut en tirer tout le parti possible doit disposer, pour les canards, un local séparé. Des soupiraux percés à fleur de terre en renouvelleront l'air, et de très-petites fenêtres y laisseront pénétrer un demi-jour favorable à la ponte. Le sol sera dépourvu de litière, qu'ils saliraient et mouilleraient trop vite. On y jette souvent de la terre sèche et légère, de la marne, du sable fin, qui absorbent mieux leurs fientes.

Tout autour de l'appartement, et dans le fond, on fixera plusieurs lignes irrégulières d'arbustes conservant leurs feuilles, des touffes de joncs et de hautes herbes. C'est parmi ces touffes, où l'on ménage un grand nombre de petits espaces propres à des nids, que les cannes aiment à venir pondre en cachette, au lieu d'aller égarer leurs œufs dans les mares et parmi les broussailles. Il faut, en outre, avoir soin d'ouvrir leur appartement sans bruit, vers dix heures du matin seulement. On ne les laisse pas sortir par la porte, mais par une petite ouverture habituellement fermée d'une trappe à coulisse ; elle est située à fleur de terre, et les canards sortent et entrent facilement, sans toutefois pouvoir passer deux de front. De cette manière, les canes qui pondent sont moins dérangées ; elles gagnent peu à peu une cachette, y vont en tournant et retournant, et elles n'en sortent qu'après y avoir laissé leur œuf.

La cane commence sa ponte en mars ; elle pond, pendant trois ou quatre mois, un œuf tous les jours ; elle se ralentit par moments et n'en donne qu'un tous les deux jours. Après cette ponte, assez longue, la cane demande à couver. Lorsqu'on l'en empêche, elle reprend sa ponte quatre ou six semaines après, pendant quinze jours ou un mois. Cependant, pour en obtenir cette fécondité, qui va jusqu'à 90 et même 100 œufs par an, il est nécessaire que l'on visite chaque fois, avant la rentrée des canards et des canes, tous les recoins où sont les œufs, pour les enlever au fur et à mesure qu'ils sont pondus. On ne laisse jamais que le dernier, avec l'attention de le marquer. Cette marque permet de le reconnaître et de le prendre le lendemain, pour marquer le plus récent, et ainsi de suite.

Les œufs de cane se vendent fort bien ; les pâtissiers les préfèrent à ceux de poule. Le spéculateur qui en fait couver un grand nombre peut les confier à des dindes et à des poules couveuses, toujours plus paisibles que les canes. Celles-ci y mettent une sollicitude exagérée, une ardeur sauvage et par trop inquiète. Les œufs peuvent en souffrir beaucoup. Cependant, on doit toujours en faire couver une ou plusieurs, suivant le nombre d'œufs mis sous d'autres couveuses, parce qu'il est plus avantageux de faire conduire les canetons par une cane. Nous étions dans l'usage d'en confier cinquante à chacune.

L'incubation des œufs de cane dure trente jours, à peu de chose près. Une fois éclos, et traités avec les précautions ordinaires, on peut, à défaut de cane, les faire conduire par une poule, jamais cependant par une dinde ; elle est trop lourde et trop gauche, trop inattentive pour des petits si délicats ; elle ne poserait jamais sa patte à terre sans en écraser quelques-uns.

Les canetons sont parvenus en cinq mois à leur grosseur naturelle, pourvu qu'ils aient eu abondamment de quoi manger : bouillies, farines, son, herbes hachées, grains, betteraves, racines, vers de toute espèce, sang, entrailles, chrysalides de vers à soie ; toutes ces substances ont quelquefois encore trop de valeur pour qu'on en nourrisse le canard jusqu'à cinq ou six mois et qu'on le pousse en chair au point où il doit être engraissé. Il est donc souvent très-utile d'avoir recours à un système d'alimentation encore moins dispendieux.

Nous avons déjà dit qu'il faut de l'eau pour élever des canards : il en faut surtout pour les élever bon marché. On choisira un cours d'eau, que l'on détournera en plusieurs endroits, pour remplir de temps en temps des mares ou des flaques d'eau échelonnées suivant la disposition du terrain. Cette eau croupissante, aidée de la chaleur et des végétaux parasites, donnera naissance et retraite à une multitude d'insectes, de vers, de têtards, de grenouilles, et, chaque jour, l'on en livrera une à la troupe de canetons ou de canards. Celle-là épuisée, on leur en livrera une autre, pour restaurer la première, et ainsi de suite.

C'est de cette manière que nous avions pu, dans une grande ferme, élever jusqu'à cinq cents canards dans l'année. Indépendamment de divers fossés qui fourmillaient d'insectes aquatiques, nous avions établi, dans un mauvais terrain en pente, sur une longueur d'un kilomètre, une vingtaine de mares, où ce troupeau nombreux vivait largement. Nous les retenions tout le jour dans le point abandonné à leur voracité, à l'aide de plusieurs claies portatives, que nous disposions tout autour, comme lorsqu'on parque des moutons. On les y conduisait le matin et on les ramenait le soir, sans autre difficulté que la lenteur de leur marche. On les faisait aussi butiner dans les chaumes, les prés fauchés.

L'engraissement du canard se fait comme celui des oies. On y procède de la même manière et d'après les mêmes principes. C'est à six mois, et lorsqu'ils ont pris chair qu'on les soumet au régime de l'engrais. Il n'est pas nécessaire de les séquestrer tout d'abord, car leur inquiétude nuirait au succès. On les retient dedans peu à peu, et enfin on les isole dans un lieu étroit et obscur. Là, on ne se contente pas de leur donner abondamment des pommes de terre, des betteraves, des grains ; on les gorge encore, après chaque repas, avec des boulettes de farine de maïs, jusqu'à ce que leur gosier soit bien plein et nuise, par sa plénitude, à la circulation du sang dans le foie. C'est par ce moyen que cet organe s'engorge peu à peu et prend la graisse autant et plus que les autres organes. Les bouillies dont on fait ces boulettes se composent, en certains pays, avec de la farine d'orge et du lait ; en d'autres, elles consistent en farine de maïs ; il en est où on leur donne le maïs en grains bouillis et tièdes. Tous ces procédés sont bons. Mais, pour obtenir le foie gras, il est nécessaire d'empâter le canard, de le *suffoquer* à demi avec des bouillies très-nutritives et abondantes.

Au bout de quinze jours, l'engraissement est complet. Alors, les bouts des ailes du canard cessent quelquefois de croiser et sa queue fait toujours l'éventail ; elle ne peut plus se réunir tant le bourrelet de graisse où les plumes sont implantées est grossi et tendu. En cet état, le canard ne peut qu'à grand'-peine se tenir debout. Il faut terminer son existence, car cette diathèse graisseuse est un état maladif qui, à chaque instant, menace de dégénérer en un travail de décomposition rapidement mortel.

Le duvet du canard est aussi recherché que celui de l'oie, sa chair l'est davantage. Son foie gras entre souvent et avec avantage dans les pâtés de foie d'oie. On en confectionne, en certains lieux, des terrines fort recherchées des gourmets. L'engraissement du canard élève son prix de 1 fr. 50 c. à 5 et 6 fr. Le foie gras entre seul pour 2 fr. à 2 fr. 50 c. dans cette somme, et, pour obtenir cet accroissement dans le prix du canard, il n'en coûte qu'un décalitre de maïs ou l'équivalent, c'est-à-dire 1 fr. 25 à 1 fr. 50 c.

Voilà donc une industrie digne d'être introduite dans une foule de localités qui, sur l'exemple de celles dont nous avons parlé, peuvent en retirer de grands avantages sans rien risquer. Notre expérience est d'accord avec celle des autres : peu d'avances, beaucoup de soins et plus d'aisance ; le petit propriétaire, le pauvre fermier n'ont rien à objecter à cela, si ce n'est une coupable paresse, à moins qu'ils n'aient recours à tout autre moyen aussi lucratif. Acheter un cochon, des moutons, une vache, pour en tirer parti par l'engraissement ou de toute autre manière, c'est risquer beaucoup pour de petites bourses ; le cochon, la vache, etc., peuvent mourir ; voilà des pertes considérables, irréparables même quelquefois. Mais qu'est-ce que la mise de fonds pour des élèves de basse-cour ? Les soins et le temps de l'indigent font le reste et acquièrent par là plus de valeur qu'ils n'en ont généralement ; enfants, vieillards, tous trouvent à s'occuper ; la famille du pauvre n'a plus besoin de se disperser ; l'union et la vie en commun n'y engendrent plus la misère, mais lui apportent l'aisance et du moins le nécessaire, même l'agréable.

FIN.

TABLE DES MATIÈRES.

—

DEUXIÈME PARTIE.

EXTRAIT

DU

Catalogue de la Librairie centrale d'Agriculture et de Jardinage.

AGRICULTURE.

Agriculteur praticien (*L'*), *Revue de l'Agriculture française et étrangère*, 3e année. Prix de l'abonnement. 6 fr.

La 1re et la 2e année, ensemble. 10 fr.

Chaque année séparément. 6 fr.

Almanach du Fermier pour 1856. In-18 fig. 50 c.

Cultures dérobées (*Des*), comme fourrages et engrais verts en général, et de la culture de la *Moutarde blanche* en particulier, tr. de l'anglais et annoté par J. A. G. 1 vol. in-18 avec fig., 1 fr. 25

Engrais (*Des*) en général et spécialement de la manière de traiter les fumiers et le purin pour en conserver toute la valeur fertilisante, suivi de la manière de traiter les matières fécales, par M. Greff. In-8°. 40 c.

Engrais (*Des*), ou l'Art d'améliorer les plus mauvaises terres par les amendements et les engrais de toute nature, par Ducoin. In-18. 1 fr. 25 c.

Irrigation (*Manuel d'*), par Deby. In-18, 100 fig. 1 fr. 50 c.

Irrigations (*Petit traité des*), par James Donald, traduit par A. de Frarière. In-18 avec fig. 50 c.

Laiterie (*La*), suivie de la fabrication des fromages, par A. de Thier. 1 vol. in-18 avec fig. 75 c.

Maïs et Sorgho sucré (*Alcoolisation des tiges du*). — Alcool. — Cidre. — Bière. — Vins artificiels, par Duret, chimiste. In-18. 75 c.

Maïs (*Du*), de sa culture et des divers emplois dont il est susceptible, par Keene et A. de Thier. In-18. 30 c.

Moutons (*Guide de l'éleveur et de l'engraisseur de*), par J.-J. Legendre, propriétaire-cultivateur. 1 vol. in-18. 1 fr.

Porcheries (*De l'établissement des*), dispositions diverses, construction, par J. Grandvoinnet, professeur de génie rural à Grignon. 1 vol. in-18 avec un grand nombre de figures dans le texte. *(Sous presse.)*

Porcs (*Du traitement des*) aux différentes époques de l'année, en santé et maladie, etc. Extrait des meilleurs ouvrages anglais, par J.-A. G. 1 vol. in-18 avec 30 fig. dans le texte. 1 fr. 25 c.

Topinambour (*Du*). Culture, alcoolisation, panification de ce tubercule, par DELBETZ, cultivateur. 1 vol. in-18. 1 fr. 25 c.

Vers à soie (*Manière la plus profitable d'élever les*), et sur les moyens de prévenir et guérir la muscardine, par le docteur BASSI ; traduit de l'italien, par F. CAZALIS, médecin. In-8°. 1 fr.

Traité des basses-cours et de la petite culture, par le F. Alexis ESPANET.

Ce *Traité* est divisé en quatre volumes in-18.

SONT PARUS :

Le 1er : *De l'Education du Lapin domestique*, 2e édition.

Le 2e : *De l'Education des Poules, des Dindes, des Oies, des Canards.*

SOUS PRESSE :

Le 3e : *De l'Education des Pigeons, de quelques Oiseaux de luxe, des Ortolans, des Oiseaux de volière et de cage, Canaris, Bouvreuils, Chardonnerets*, etc.

Le 4e : *De la Petite Culture, en faveur des petits propriétaires, ou moyens faciles d'augmenter le rendement des terres de labour et de jardin, en profitant des nouveaux débouchés ouverts par les voies ferrées.*

JARDINAGE.

Almanach du jardinier-fleuriste, pour 1856, suivi de quelques notes sur le jardin potager ; 3e année. 1 vol. in-18 avec fig. dans le texte. 50 c.

Arboriculture (*Pratique raisonnée de l'*), par PICOT-AMETTE, horticulteur. 1 vol. in-18 avec 12 planches. 2 fr. 50 c.

Arbres fruitiers (*Instruction élémentaire sur la taille des*), par LACHAUME. 1 vol. in-18 orné de 20 fig. dans le texte. 75 c.

Asperges (*Instruction pratique sur la plantation des*), par BOSSIN, 2e édition. 1 vol. in-18. 75 c.

Camellias (*Traité de la culture des*), par J. DE JONGHE ; 2e édition. 1 vol. in-18. 1 fr.

Jardinier-Fleuriste pour 1856 (*Guide du*), ou *Instructions pratiques* sur la culture des plantes de pleine terre, annuelles et bisannuelles, vivaces, arbustes et arbrisseaux ; par J. LACHAUME, ancien jardinier en chef de Petit-Bourg. 1 vol. in-18 orné d'un très-grand nombre de fig. dans le texte. 3 fr. 50 c.

Melons (*Culture des*). Méthode simple et précise pour obtenir les melons d'une grosseur extraordinaire, etc., par DUFOUR DE VILLEROSE. 1 v. in-18 avec 5 grav. pour l'explicat. des tailles. 75 c.

Pêcher en espalier (*Instructions pratiques sur la culture du*), par LASNIER, horticulteur. In-18. 50 c.

Evreux, A. HÉRISSEY, imprimeur. — 656.

www.ingramcontent.com/pod-product-compliance
Lightning Source LLC
LaVergne TN
LVHW012023220826
846092LV00001B/467

9782329734675